今、原子力研究者・技術者ができること

有冨正憲［編著］

培風館

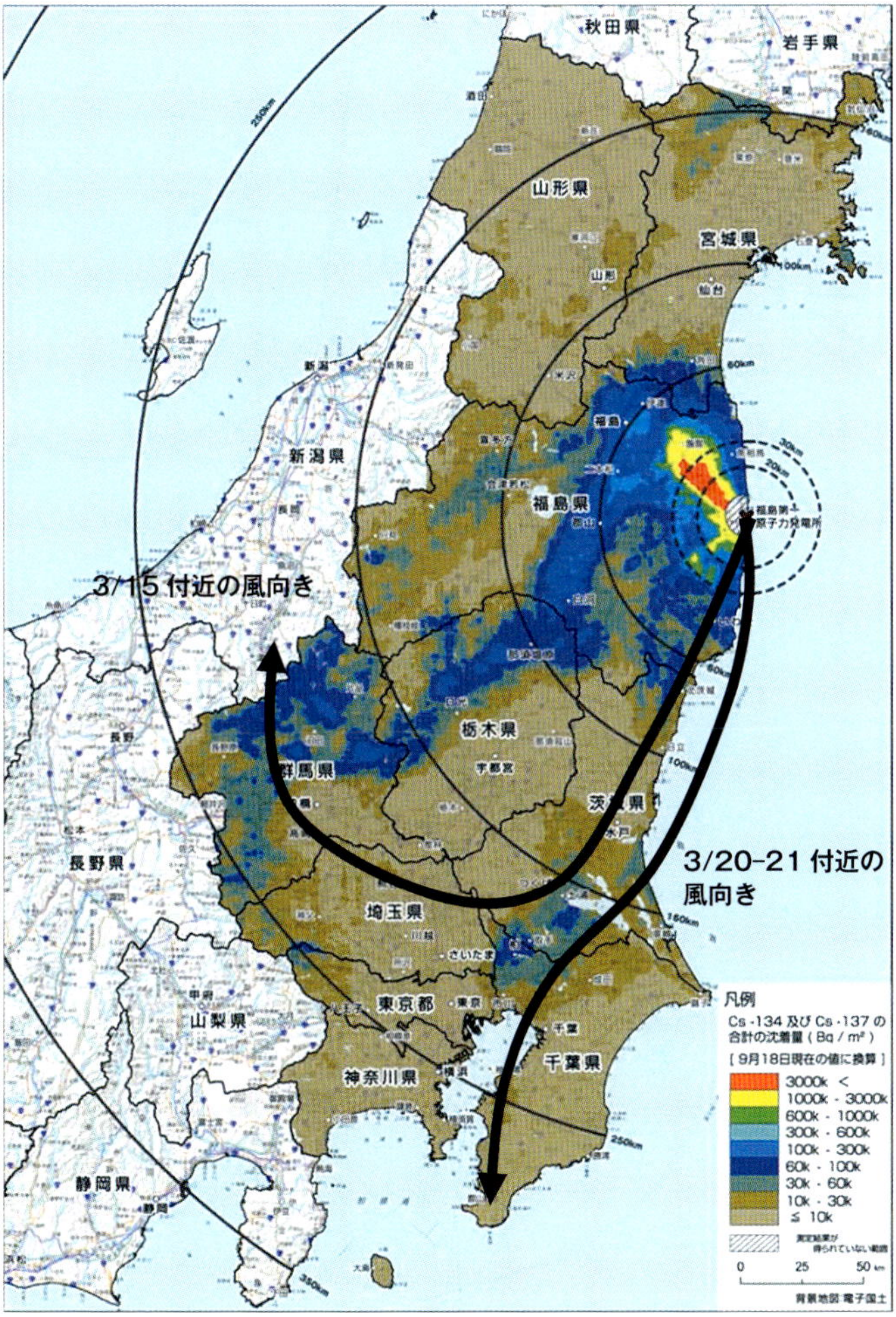

文部科学省による東京都及び神奈川県の航空機モニタリングの測定結果。地表面へのセシウム 134, 137 の沈着量の合計（図 3-13）
http://radioactivity.mext.go.jp/ja/1910/2011/10/1910_100601.pdf に風向きの情報を追加

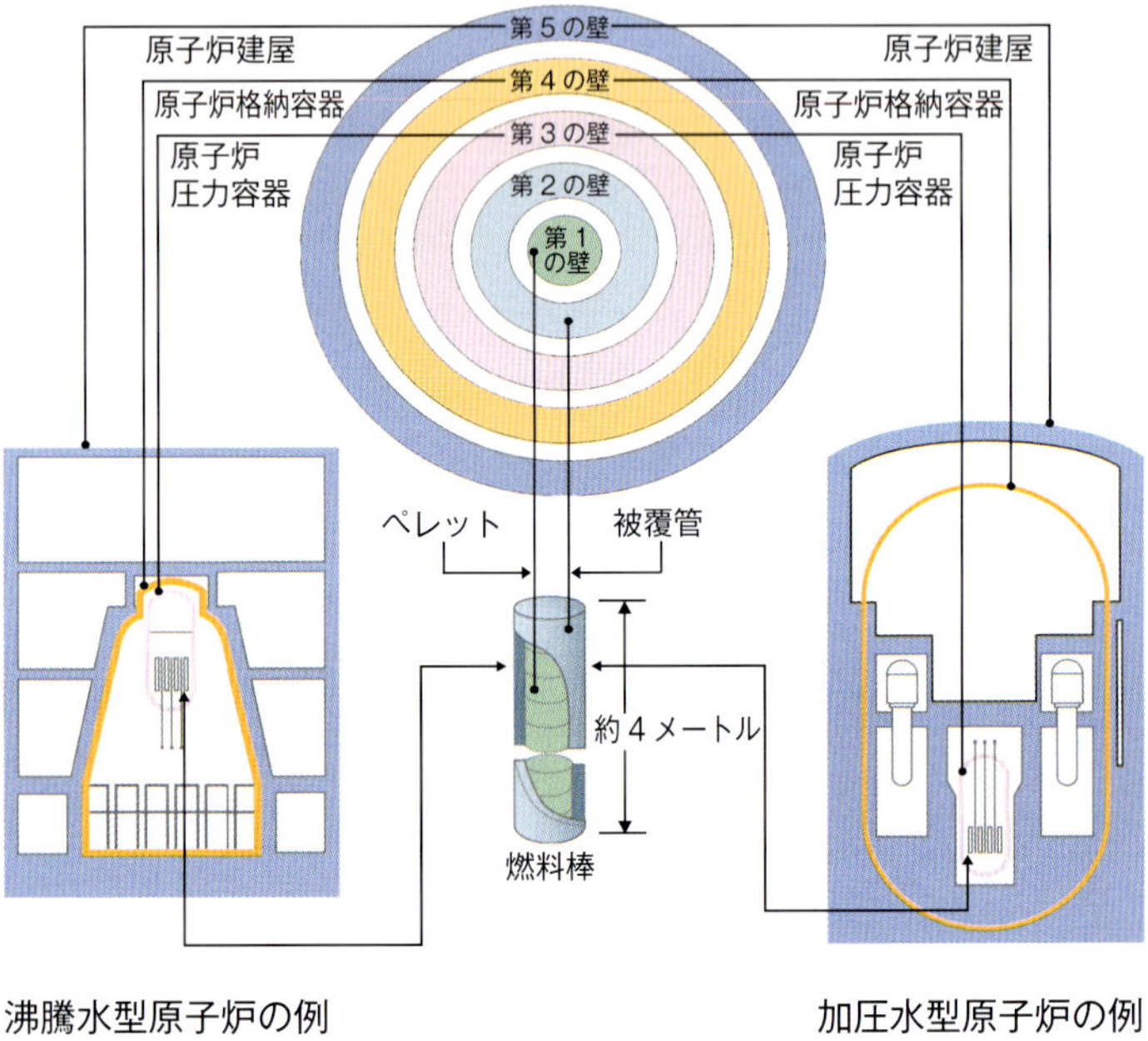

原子炉を閉じ込める五重の壁（図 3–1）

はじめに

平成23年3月11日に発生した東日本大震災により、福島第一原子力発電所の1号機から4号機では設計上の想定を超える大きな事故が発生しました。1号機から3号機は炉心が溶け、1号機と3号機は水素爆発が起こり、2号機は格納容器が損傷しました。その結果、核分裂によって発生した核分裂生成物を中心とする放射性物質が原子力発電所の敷地の外に大量に放出されました。また、溶融燃料を洗うように冷却した海水や真水が海中に流失しました。その結果、広範な地域で放射能による汚染が生じて、その地域の住民は避難を余儀なくされました。

有富が内閣官房参与に任用されたことを受け、技術的にサポートするため、東京工業大学の有志が「プラント検討チーム」を立ち上げ、種々の角度から検討し、議論してきました。その議論の中心は、原子力に関連する研究者と技術者の責任として、原子力安全・保安院と東京電力㈱等から公表された資料を基に、事故の経過と対応事象内容を分析し、そこから得られる教訓をまとめ、二度とこのような炉心溶融事故を発生させないためには、どのような対応を取ればよいか、原子力発電所の安全運転ができるかについてでした。

　現在までのところ、福島第一がなぜこのような状況になったのか、日本の原子力の技術レベルはこんなところだったのかということについて、様々な観点から真の議論ができる情報は提示されていないないと考えました。われわれ「プラント検討チーム」は、それらの一部にこたえるため、チームの検討結果を整理し、国民の皆さん、特に関心を持たれている技術者の皆さんに提供したいと考えました。その折に、株式会社培風館の山本格社長に、検討した結果を出版する機会を与えて戴きました。

　平成23年3月11日に東日本大震災が発生してからの原発の事故対応に関する反省事項を整理しています。そして、どのような対策を講じれば、どのような指揮命令系統でその対策が発動できれば、福島第一原子力発電所で発生したような炉心溶融と格納容器の損傷による原子力発電所の敷地の外の広範囲に放射性物質を放出することを防げるかを論じております。

　まず1編では、今回の事故の概要を整理しています。もちろんこれだけでは今回初めて原子力に興味を持たれた方には何が起こったのか理解が難しいでしょうから、続く2編で原子力発電の大まかな仕組みを、3編で原子力発電における安全の考え方に関して解説しています。そして、原子力研究者・技術者が中立な目で見た今回の事故に対する評価を示しています。最後の4編では、はじめに今回の事故において被害を最小限に食い止めるためにはどうすべきだったのかという評価を、次に将来において同様の事故の発生を防ぐためには、既存の設備を具体的にどうすべきなのかということを考えています。最後に全体をまとめ、また、今回の問題を原子力関係としてだけでなく、日本の社会全体としてどう捉えていくべきかについても記述してみました。

問題はすべて解決されたわけではありません。データが不足する現象や問題についても数多くあり、検討につきましては推定、推測の域を脱さずに不正確な部分もあると思いますが、科学技術の進歩にも役立てばと考えております（なお、本書は平成23年10月中旬までの情報を基に記述しています）。

世界における原子力発電の利用は、従来積極的に進めてきた先進国はもちろん一部の発展途上国においても建設が計画されております。このような世界情勢に鑑み、わが国だけではなく、海外の原子力発電所の安全運転に寄与できることを望み、本書を執筆しました。言い換えれば、福島第一原子力発電所の事故を再び起こさないような情報として世界に発信すべきだと考えているからです。

わが国において原子力発電の利用がどのように進むべきかについての様々な課題は、原子力発電について、福島第一原子力発電所の事故について理解された方々の幅広い英知により解決されうると確信しております。本書が少しでもそのようなお役に立つことができれば幸いであります。

2012年2月

有富正憲

目次

3編　福島第一原発事故はどう評価するべきなのか

本書のコラム

皆様に理解してもらいながら本書を読んでいただけるように、いくつかコラムを設けました。

「用語のひとくちメモ」

原子力関連の分野は専門用語が多く、本書でも見慣れない言葉がたくさんでてきます。そこで新しく出てきた重要な専門用語をできるだけわかりやすく解説した「用語のひとくちメモ」欄を最初に出てくる専門用語の近傍に設けました。またその他の専門用語は「用語集」として巻末に設けました。わからない用語があったら巻末を見てその意味を確認してみてください。

「ちょっと計算してみましょう」

本書ではさまざまな物理現象が出てきますが、その一部には電卓だけでも計算できるようなシンプルな形でも計算できるものがあります。そういう簡単なモデルの計算を「ちょっと計算してみませんか」のコラムでやってみました。本書の論理構成もこのような簡易計算に基づいたものが数多くあります。皆様も家にある電卓を手に持って一度本書と同じ計算をしてみてください。

用語のひとくちメモ

ちょっと計算してみましょう

1 編

福島第一原発事故はこのようにして起こった

平成23年3月11日の東日本大震災では、運転中の福島第一原発1、2、3号機は炉心冷却に失敗し、燃料溶融、水素爆発により、大気中に大量の放射性物質を放出しました。また、炉心を冷却した汚染水を海に流出させ、大きな環境汚染を引き起こしました。

1編では、公開情報を基に、地震と大津波被災後の福島原発の運転対応履歴を時系列に記載しました。燃料溶融とその後発生した水素の爆発による放射性物質の大気への放出に到った経緯を説明しています。

地震直後の制御棒挿入により核分裂を「止める」には成功しましたが、続く最重要課題は燃料から発生する崩壊熱の除去でした。地震による外部電源喪失の直後にはディーゼル発電機を起動させて電力供給を回復させ、燃料の冷却である「冷やす」に一時的に成功しています。しかし、その後の大津波による冠水でディーゼル発電機も使用不可となり、全電源を喪失したため崩壊熱の除去が困難になりました。

その後の崩壊熱除去対応は各号機により異なりましたので、各号機毎にその対応状況を説明しています。何れの号機でも数時間炉心への注水ができなくなった間に燃料が溶融しました。その結果発生した水素の爆発などにより放射性物質が大気中に放出され、最終的な「冷やす」、「閉じ込める」には失敗しました。〝ちょっと計算してみましょう〟では簡略計算を用いて事故に関する重要な計算をしています。特に各号機で炉心冷却ができなくなった時刻も簡略な計算で求めています。

1章　福島第一原発で何が起きたのか

スクラム直後の〝止める〟〝冷やす〟には成功

3月11日午後2時46分に起きた大地震の際、福島第一原発では、1、2、3号機が運転中でした。この1、2、3号機に共通な事故概要をまず記述します。

各号機は共にスクラム（炉心に中性子を吸収する制御棒を挿入し、核分裂を止める事）により原子炉を未臨界にし、まずは原子炉を〝止める〟ことに成功しました。地震による送電鉄塔の崩壊等により外部電源を喪失しましたが、非常用ディーゼル発電機（D/G：Diesel Generator）が起動し、電力供給が回復しました。1号機では非常用復水器（IC：Isolation Condenser）が、2、3号機では原子炉隔離時冷却系（RCIC：Reactor Core Isolation Cooling System）が共に作動し、地震直後の炉心冷却には成功しました。そのため地震直後には事故収束が可能と思われました。（IC、RCICに関しては〝用語のひとくちメモ―その7、9〟をそれぞれ参照）。

津波によるヒートシンク喪失

しかし、それに続く午後3時35分の大津波により状況が一変したのです。原子炉建屋やタービン建屋内に海水が浸入し、全ての電源を喪失すると共に、海水を汲み上げる電動ポンプが使えなくなってしまいました。その結果、炉心で発生する崩壊熱を捨てる手段を失ったのです（ヒートシンクの喪失と言います）。

津波被災直後特に深刻だったのは1号機で、ＩＣが停止したため原子炉への注水ができなく、つまり原子炉冷却ができなくなってしまいました。２、３号機はかろうじて使用可能であった電源による、ＲＣＩＣやＨＰＣＩ（高圧注水系：High Pressure Coolant Injection System）の作動により、ひとまず原子炉への注水は確保されました（ＨＰＣＩに関しては〝用語ひとくちメモ―その10〟を参照）。しかし、これら機器の作動継続には限りがあり、数時間／数日のオーダーでは別の手段を考える必要がありました。そのため、地震発生時に運転中であった1、２、３号機は、スクラム直後の冷却に成功したとはいえ、その後に大量に発生する崩壊熱除去にはまだ困難があったのです。

〝冷やす〟には、短期間の冷やす機能と長期にわたって冷やす機能の両方が必要なのです。長期の冷却にはヒートシンクが不可欠です。福島第一原発はかって経験したことのない大地震・大津波に遭遇したわけで、電源と照明のなくなった中央操作室の混乱ぶりは想像を超えるものだったでしょう。しかし、発電所の運転では冷静さを持って当たるべきで、次々と起きる新事態に対処しなければなりません。

原子炉の空焚きは何故起きたのか

1号機ではIC停止後、2号機ではRCIC機能停止後、3号機ではRCICに続くHPCI機能停止後から原子炉への再注水開始までに長時間の空白期間が生じました。崩壊熱の量が多いこの時期に炉心注水できなかったことは致命的でした。この間に炉心で発生した水蒸気は格納容器内に排出されたため、原子炉から見れば冷却材喪失事故に相当するものになりました。

特に1号機は、津波被災後ほとんど注水されなかったので、短時間のうちに大量の燃料が損傷してしまいました。2、3号機はもう少し時間的余裕はあったのですが、各号機共に炉心が露出し、空焚きとなり燃料損傷・溶融に到ってしまいました。ここで空焚きとは、原子炉水位が燃料下端以下の位置に下がり、燃料が水蒸気中に露出してしまう状態とします。事象発生後、すみやかに炉内に注水すること、その後も何としても注水を続けること、そして海水に代わるヒートシンクを見つけること、ができず、長期には原子炉を〝冷やす〟事に失敗したわけです。

水素爆発はなぜ起きたのか

燃料溶融により、ジルコニウム―水反応（図2-5に示すように、燃料ペレットの周りにはジルコニウム合金でできた燃料被覆管とチャンネルボックスがあります。それらが高温になり水と反応して、水素が発生します）によりできた水素が原子炉建屋内に漏洩し、酸素と反応して爆発しました。1号機と3号機では原子炉建屋の屋根を吹き飛ばし、2号機では原子炉建屋の壁の一部が損傷して、原子炉建屋内に停留していた大量の放射性物質が大気中に飛散してしまい、いわゆる〝閉じ込める〟にも失敗してしまいました。

水素が大量に発生したことは、ジルコニウム―水反応による水素の発生だと考えられ、それは燃料が溶融したことを示しています。このとき発生した水素は、高温・高圧となった原子炉内から格納容器に移行し、機器の温度変化および地震による格納容器を貫通する配管の伸び縮みや、格納容器部のボルトの緩み等により発生した隙間から原子炉建屋に漏洩したものと考えられます。水素爆発により大量の放射性物質が外部に飛散したことは最大の災害事項で、被害を受けた原子炉の復旧どころか、それに続く原子炉の対応策にも大きな支障をきたすことになってしまいました。

地震発生時の福島第一原発の状況は

地震発生時福島第一原発の状況は1、2、3号機が定格運転中、4、5、6号機が休止中でした。定格運転中の1号機電気出力は460MWe（熱出力は1,380 MWt）、2号機と3号機の電気出力は784 MWe（熱出力は2,381 MWt）です。（エネルギーの単位〝MW〟（メガワット、$=10^6$ W）は、電気出力の場合〝MWe〟、熱出力の場合〝MWt〟と表記されることがあります。本書もそれにならっています。電気出力（MWe）を原子炉で発生する熱出力（MWt）で割った値が、原子力発電所の効率になります）。4号機は全部の燃料が原子炉から取り出され、直ぐ横に設置された燃料プールに保管中でした。

1、2、3号機に関して、2号機と3号機はシステム、大きさ共にほとんど同じですが、1号機は両者より出力も小さく、蒸気駆動の炉心冷却装置としては非常用復水器（IC）が設置されています。2、3号機にはICの代わりに隔離時冷却系（RCIC）が設置されています。

この度の被災では各号機により事象・対応が異なっていますので、各号機の事象を個別に検討します。本書では、地震時に定格運転中でした1、2、3号機の状況を中心に記述します。

なぜ原子炉は停止後も冷却しなければならないのか

原子炉はスクラム（制御棒を炉心に挿入し核分裂を停止させること）により核分裂反応は止まりますが、核分裂によってできた核分裂生成物が崩壊し、そのときに崩壊熱を発生します。この崩壊熱はそれぞれの核分裂生成物の半減期によって異なります。崩壊熱はスクラム後の時間経過に従い急速に減少しますが、長時間にわたって熱を発生し続けます（崩壊熱発生量は〝ちょっと計算してみましょう―その2〟に記述します）。そのため、原子炉停止後に原子炉を冷却するということは、長時間にわたり発生し続ける崩壊熱を除去することを意味します。

原子炉隔離時にこの崩壊熱除去に失敗すると、燃料冷却ができません。燃料が溶けて放射性物質が燃料外に出たり、溶融した燃料の被覆管などの材料であるジルコニウムと水とが高温のため反応して水素ガスが発生したりして、原子炉の圧力が増大します。崩壊熱は、通常運転後の停止時には残留熱除去系というシステムを使い海に放出します。しかし、今回のように交流電源とバッテリーからの直流電源を合わせた全電源と海への熱放出手段を失った状況では（ポンプ用動力喪失と海水浸入によるモータ故障により、海水の汲み上げ用及び除熱用含めた全ての電動ポンプが使用不可能）、残留熱除去系が使えないため、崩壊熱は特別な方法で炉心に水を供給して冷却する必要があります。また、長期的には崩壊熱はヒートシンクへ排熱されなければなりません。

東日本大震災時直後の原子炉の冷却はどうするのか

地震発生直後運転中であった各炉は隔離されました。電動ポンプを使わないで原子炉に注水できる手段として、1号機にはＩＣとＨＰＣＩが、2号機と3号機にはＲＣＩＣとＨＰＣＩが設置されています。これらの機器は交流電源を喪失した場合でもバッテリーの電気を使い制御室から操作できます。しかし、バッテリーが使えなくなった場合には、作業員が現場に行き、弁を手動で開閉することにより操作しなければなりません。

簡単に各機器を説明しますと、ＩＣは原子炉内で発生する水蒸気を凝縮器にて凝縮させ、その凝縮水を原子炉に戻す働きをもっています。そのときの流動駆動源はＩＣの凝縮部と圧力容器内の水面の高低差により重力で生じる圧力差です。ＲＣＩＣとＨＰＣＩは原子炉で発生する水蒸気でタービンを駆動し、これによりポンプを作動させ、原子炉内に外部から冷却水を供給する機能を持っています。HPCIはLOCA（冷却材喪失事故：Loss of Coolant Accident）時のECCS（非常用炉心冷却系：Emergency Core Cooling System）対象機器ともなっており、その流量はRCICより非常に多くなっています。

今回の事故では、全電源を喪失したため、原子炉隔離直後の原子炉冷却には炉心で発生する水蒸気で駆動するための電源の不要なIC、RCIC、HPCIのみが頼りでした。そのため、被災した原子炉の運転ではこれら機器の使い方が重要であり、この点にも注目して3編以降の本事故の対応・評価に直接結び付く事象や操作を中心に各号機毎に記述します。なお、本書では、1号機と3号機は水素爆発まで、2号機は格納容器付近での大きな衝撃音発生までを主体とします。

1、2、3各号機の原子炉注水の違いは

各号機で原子炉注水および冷却には違いがあります。1号機は津波直後にICを使わず、その後の消火ポンプ等による外部からの炉心注水まで長時間の注水の空白期間ができてしまいました。2号機はRCICが長時間作動しましたが、その機能停止後やはり注水までにかなりの空白期間がありました。3号機はRCICが作動し、その停止後にもHPCIが自動起動し、ある程度の期間注水されました。一方、それらの機能停止後、外部からの注水まではかなりの空白期間がありました。いずれも、炉心注水がない各空白期間に燃料が露出し、空焚きとなりました。

その後燃料が溶融し、ジルコニウム―水反応により多くの水素が発生し、水素爆発により建屋が損傷して多くの放射性物質が外部に飛散してしまいました。

なお、この後記述されている〝ちょっと計算してみましょう〟は電卓で計算できるような簡単な計算で、この事故に関する事象を定量的に理解を深めるものになっていますので、ぜひチャレンジしてください。

次の章からは、原子力発電所で起きたことを正確に理解していただくために、各号機毎に事象を説明・分析していきます。

2章　1号機の事故進展と操作・判断

1号機の被災直後から水素爆発迄の主要事象

まず、1号機の状況を正しく把握するために、時系列で事象を記述します。

1. 11日午後2時46分の地震発生時にスクラムにより原子炉を停止させ、核分裂を〝止める〟に成功。しかし、地震により外部からの交流電源喪失（事故原因：一）。
2. 原子炉は主蒸気隔離弁が閉となり隔離され、非常用ディーゼル発電機が起動し電源が確保された。後は炉心の冷却が最大課題であった。
3. 午後2時52分以降ＩＣを間欠的に作動させ、凝縮水を原子炉に戻す事に成功。原子炉スクラム直後の原子炉冷却に成功すると共に原子炉の圧力も制御できた。しかし、その際炉水温度が規定の温度変化許容範囲を超えて下がるような操作をしたことが、後のＩＣの操作判断に影響したと考えられる。また、この時期には炉心の圧力制御と炉心冠水が最重要課題である事に注意すべきである。

4. 午後3時35分の津波により、D／G、バッテリーを含む全電源と海への熱放出手段を喪失し崩壊熱除去が大ピンチに陥った（事故原因：二）。

5. 午後9時半頃まで、ICの作動時間は午後6時30分頃に行った操作による極短時間のみで、他に原子炉への注水はほとんどない。この間に燃料は露出、空焚きになり、燃料溶融が発生したと判断（〝ちょっと計算してみましょう―その3〟参照）（事故原因：三）。原子炉建屋内の現場では、停電による暗闇の中での作業を強いられ、中央制御室との連絡も通常とは異なり不便を極めたと想定される。そのような中で、中央制御室内のホワイトボードには原子炉水位を含めた多くのデータが書き込まれた記録が残されており、作業者の非常に緊迫した状態が読み取れる。ただし、津波後1～2時間以内にICを操作したという記録は残っていない。

6. 午後11時頃タービン建屋の放射線レベルが上昇。原子炉からの核分裂物質漏洩が想定される。

7. 翌3月12日朝、発電所構内の放射線量が上昇した。午前5時46分に原子炉に淡水注入を開始し原子炉炉心の冷却を再開したが、この時には既に燃料溶融となってしまっていると想定される。

8. 格納容器圧力が増大したが、3月12日午後2時30分頃に格納容器ベントを行い圧力が低下。ただし、この格納容器ベントに時間がかかった（事故原因：四）。

9．3月12日午後3時36分、原子炉建屋で水素爆発が発生、発電所外に大量の放射性物質が飛散（事故原因：五）。これは燃料溶融が生じて、ジルコニウム―水反応により大量の水素が作られたことを示している。

なお、格納容器ベントとは、格納容器内の気体を大気に放出し、格納容器の圧力を下げることです（〝用語のひとくちメモ―その6〟参照）。格納容器圧力が下げられれば、格納容器圧力を設計圧力以内に保持できます。また逃し安全弁等を用いれば、原子炉の圧力が低くても格納容器に蒸気を噴出させることができ、消火系を使っての原子炉注水がしやすくなります。

以降に1号機での事象の詳細とその対応について記述します。

地震発生直後は原子炉冷却成功

1号機では、地震直後に制御棒挿入により核分裂反応を停止する〝止める〟ことは成功しました。その直後にＩＣが自動起動し、炉心で発生した水蒸気を凝縮させ原子炉に戻してその圧力を減少させています。運転員はＩＣを圧力制御の目的で使用することにしたとありますが、その際に原子炉の炉心冷却水の温度変化率が55℃/hを超えたため、ＩＣを一時停止させています。通常運転時には炉心冷却水の温度変化を55℃/h以下にするよう規定されているので、今回もそのことを守ろうとしたものと思われます。

しかし、大事故の場合には、この規則よりは炉心への注水が優先されるべきものです。今回のように、津波により炉心の他の冷却手段を失った場合には、ICの大きな使用目的の一つが原子炉への冷却水供給にあることを意識することが最も重要なことです。ただし、地震発生直後ですから、ICを圧力制御としても使うとした判断は間違っていません。しかし、津波後も同様と考えた点は大きな過ちです。

原子炉圧力の増減に伴い、ICは作動と停止を繰り返しており、この間に崩壊熱により炉心で発生した水蒸気は原子炉圧力容器外には放出されず、炉心水位は概ね通常運転時位置を維持していました。このICによってどの位の熱除去ができたのかについては〃ちょっと計算してみましょう―その2〃で説明します。その計算によれば、スクラム直後の崩壊熱の大きい40分間にわたる三回のIC作動により、推定44t（トン）の水蒸気が凝縮しています。この間は崩壊熱が除去され、燃料冷却に成功しています。なお、津波襲来時のICの作動状況については、**図その2-2**の⑤の最後の圧力線図から判断すると、圧力回復過程で津波の襲来を受けています。そのため、津波の襲来時ICの隔離弁は閉じていたと考えられます。

津波以降、原子炉冷却は失敗し炉心は空焚きとなる

一方、午後3時27分に津波の第一波が到来し、福島第一原発の機器は大きなダメージを受けました。第二波の津波以降は、すべての電源を喪失しました。ICを作動させるためには、津波直後にはバッテリーにより働いた可能性はありますが、バッテリーが使えなくなった後はICライ

ンの戻り弁を現場に行って操作しなければならなくなりました。

3月11日午後3時35分～午後6時18分、午後6時25分～午後9時30分の長時間にわたって、IC作動用の弁の開操作記録が無く、つまりICを作動させていません。この間の原子炉圧力は、その大きさが一定値を超えると、逃し安全弁や安全弁が作動して原子炉の水蒸気を格納容器内に放出し、自動的に圧力を調整していたことでしょう。

ただし、これにより原子炉内の冷却水は減少し（原子炉から見たら冷却材喪失事故と同じ状況）、その上炉心への新たな注水はありません。炉心では燃料の冠水状態が維持できずに露出し、その後空焚き（原子炉内の水位が燃料の下端以下となり完全に水面から露出する状態）へと進み、崩壊熱の除去に失敗してしまいました。

1号機の炉心空焚きはいつ起きたのか

原子炉が空焚きとなったのは何時頃でしょうか。

まず、空焚きに至るまでの炉心の冷却について考えてみます。地震発生前の通常運転時には、炉心は圧力約7 MPa、温度284℃（圧力は大気圧の約70倍で$1\ cm^2$当たり約70 kgの力が作用し、温度はその圧力での飽和温度）、原子炉圧力容器内他部分の水は圧力約7 MPa、温度約270℃です。津波被災時まで原子炉圧力容器外への流体流出はありませんでした。

ICにより凝縮した水量は、停電により再循環ポンプが停止している時には原子炉圧力容器には再循環ライン入口部から流入します。ただし、その水量は原子炉圧力容器内の水量に比べて少ないので、津波による被災後の原子炉の条件も、先程の条件と同じだとして計算を行ないます。原子炉水位は津波襲来まで通常運転時の水位にあったとして空焚き計算を行ないます。ただし、IC凝縮水の戻り位置はジェットポンプ吸込み口以下の高さなので、IC戻り水が自然循環力により炉心冷却に寄与できるのは、シュラウド外の水位がジェットポンプ吸込み口以上の高さにある間だけです（図3-6参照）。

炉心の空焚き計算結果は〝ちょっと計算してみましょう―その3〟で記述しますが、計算の結果、ICによる注水がなくなった後、最短で3月11日午後5時21分、つまり、津波被災後わずか約1時間46分後に炉心は空焚き状態になっています。水位が燃料上部から下部に達するまでの時間は約34分間余りです。2号機・3号機と比較して非常に短時間に炉心が空焚きとなったのは、原子炉への注水ができなかった時刻が原子炉停止後まもなくで、その間の崩壊熱発生量がかなり大きいためです。その上、原子炉への注水ができなかった時間も長かったため、燃料損傷も早く、損傷の程度も大きくなってしまいました。

炉心冷却に失敗して燃料溶融発生

崩壊熱除去に失敗したため、炉心は水蒸気だけが存在する空焚きとなり、燃料の温度が上昇して燃料が溶融しました。高温になった燃料被覆管材のジルコニウム合金と水とでジルコニウム

―水反応が起こり、大量の水素が生成されてしまいました。原子炉圧力容器の圧力の移行は、逃し安全弁および安全弁の開閉によって長時間行われていたため、これら弁に不都合が生じ（弁の軸固着等）、弁を閉じきることができなくなった可能性があります。

この結果、原子炉圧力容器と格納容器が連通してしまい、原子炉圧力容器と格納容器の圧力がほぼ同じになったと考えます。さらに、格納容器の温度・圧力変化により、配管繋ぎ部やボルトの緩みなどで格納容器から原子炉建屋に繋がる経路ができてしまいました。これらの経路にて、炉心で発生した水素が原子炉建屋内に漏れ出ました。

燃料が破損したことは、3月11日午後11時頃の観測でタービン建屋の放射線量が上昇していることからも推定できます。

燃料溶融後の発電所の状況はどうなったのか

格納容器圧力は3月12日午前0時6分に上昇が確認され、同日の午前5時14分に発電所構内の放射線量が上昇しました。その後圧力が低下したので、格納容器からの放射性物質の漏洩発生と判断されます。3月12日午後2時30分にはベントによる格納容器圧力低下を確認しています。また、3月12日午前5時46分に消火系ラインを通じ原子炉への淡水注入が開始されましたが、炉心冷却の観点からは既に手遅れで、格納容器ベントが確認された約1時間後の3月12日午後3時36分に原子炉建屋で水素爆発が発生してしまいました。

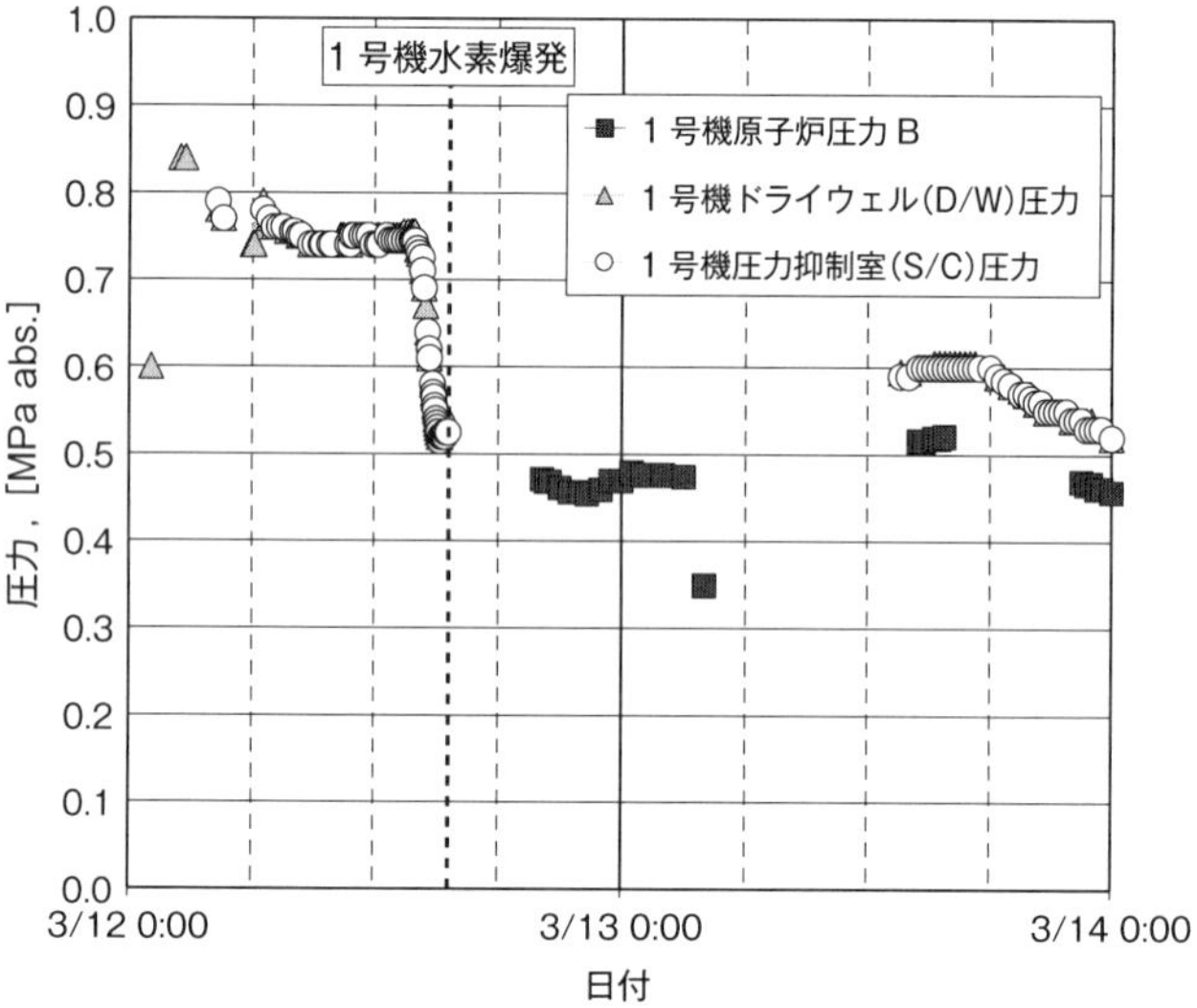

図 1-1　1号機3/12付近の原子炉内・格納容器の圧力

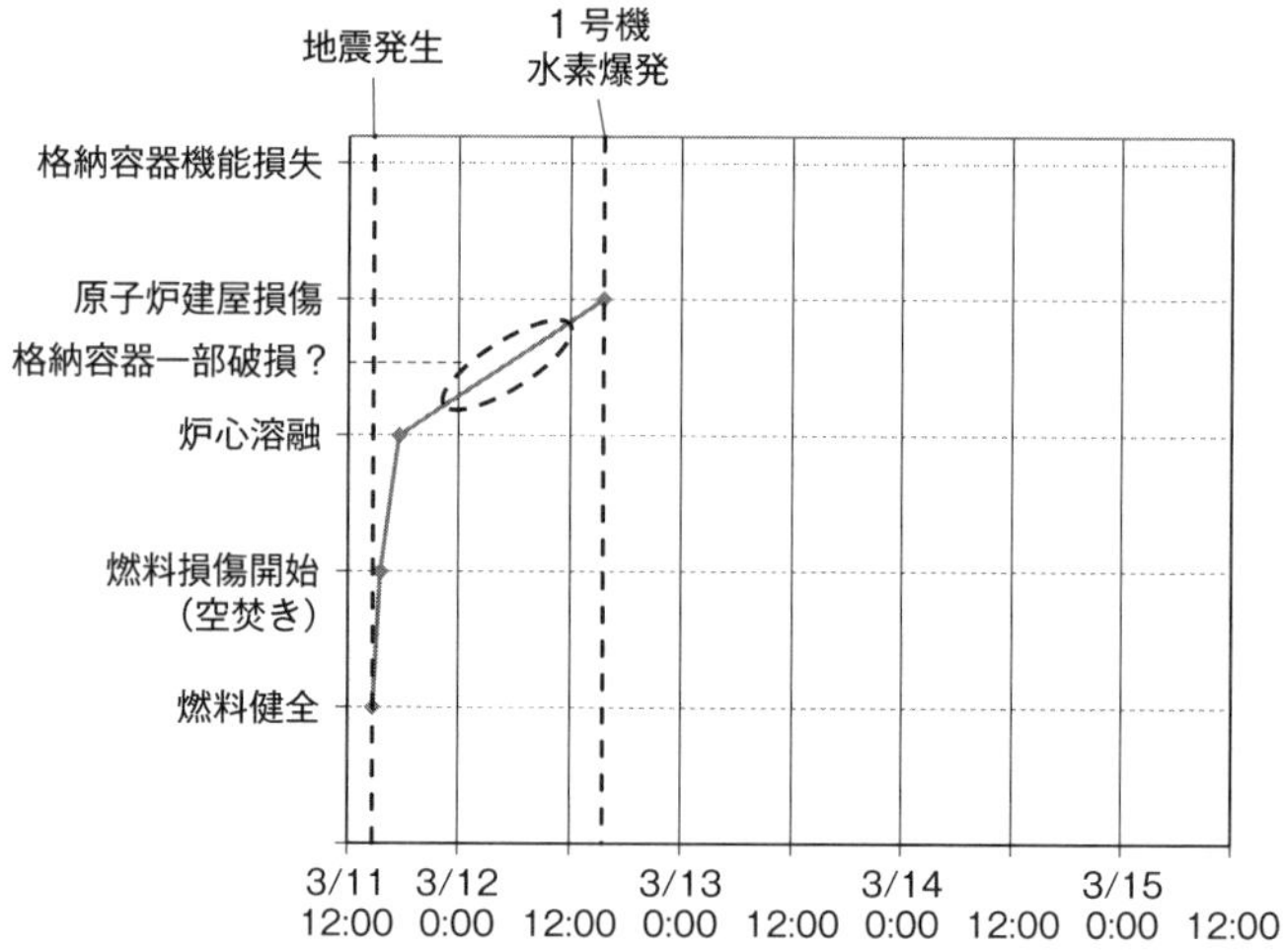

図 1-2　1号機の事象の進展

この爆発では原子炉建屋の上部が大音響と共に吹き飛びました。建屋上部は鉄骨だけが見える状況で、その爆発の凄まじさがわかります。この爆発により2号機注水用に準備していた機器が損傷したため、その注水開始が遅くなってしまう等、他号機に悪い影響を与えています。

原子炉への注水は3月12日午前5時46分の淡水注入、3月12日午後7時4分に海水注入に切り替え、3月25日午後3時37分以降再び淡水注入に切り替えています。付録に1号機の主要事象操作を時系列（月日、時：分）にて示します。

3月13日付近の原子炉内および格納容器の圧力を**図1-1**に示します。水素爆発の直後のデータは報告されていません。ドライウェル（D／W）および圧力抑制室（S／C）の圧力は3月12日には既に設計圧力を超えています。その後、水素爆発の少し前に低下しており、格納容器ベント（格納容器の圧力を下げるために、格納容器内の気体を大気中に放出すること）が実行されたことが分かります。

原子炉空焚後の炉心溶融と水素爆発までの状況

ここで、地震発生以降水素爆発までの状況を振り返ってみましょう。

1号機の状況について事象の進展時刻を計算した結果を**図1-2**に示します。「燃料健全」とは、炉心内の燃料が冠水状態で冷却できている状態、「燃料損傷開始（空焚き）」とは、原子炉内の水位が燃料下端に達した状態、「炉心溶融」とは、ここでは燃料の温度が上昇してウランが溶

ちょっと計算してみましょう　その1

目的と水の加熱と蒸発現象について

目　　的

「ちょっと計算してみましょう」は次のように考えて，本書内の主要な計算の概要を説明しています。事故の内容や事象の影響について，皆様自身で事象を定量的（数量的）に理解を深めて戴くために幾つかの計算を一緒にしてみましょう。計算自体は比較的簡単で，電卓を使用することにより，皆様にも計算の復元ができるように記述しますので，皆様も計算してみて下さい。計算する主な事柄は炉心の空焚きに関する崩壊熱の除熱過程，IC作動時に凝縮された蒸気量，格納容器からのベントにより放出される蒸気量等の，本書で重要として取り上げているいくつかの事象に関する計算です。

燃料棒冷却時に現れる水の顕熱と蒸発潜熱についての概要

燃料棒冷却過程で水は**図その1-1**に示すような状態変化をします。崩壊熱除去に関する“ちょっと計算してみましょう”はこの水の顕熱および蒸発潜熱の計算が主体です。大気圧下での水の温度と熱エネルギーの関係を示す図その1-1で水の顕熱，潜熱を思い出して下さい。大気圧の水は0℃で液体となり，そこから加熱すると100℃になるまで温度上昇します。この温度変化する熱が顕熱です。100℃になっても過熱し続けると温度一定で，水は蒸発して水蒸気になります。この時の熱が蒸発潜熱です。な

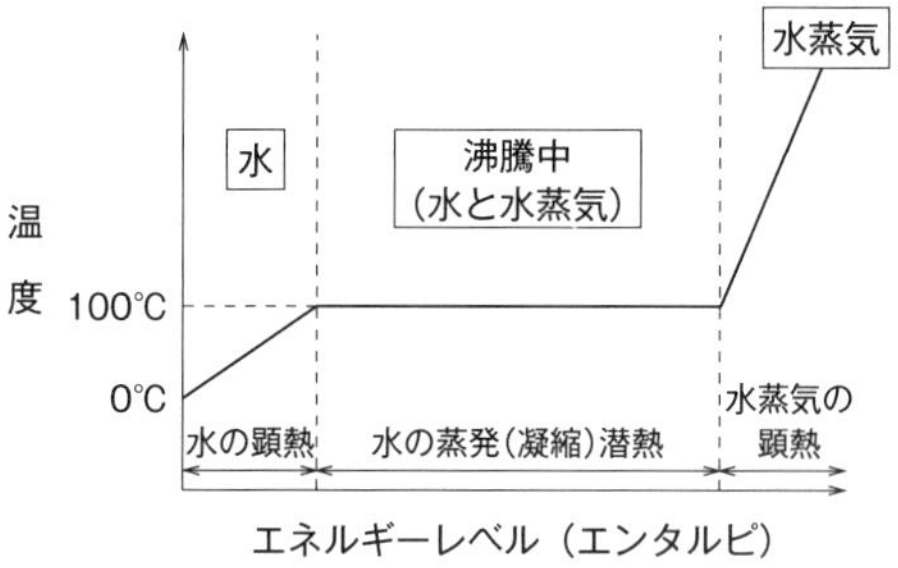

図その 1-1　水の状態変化

お，0℃の氷が0℃の水になる場合も水の潜熱といいます（こちらは前者と区別して融解潜熱とも呼びます）。大気圧の水の場合，蒸発潜熱は温度1℃当たりの顕熱の約500倍以上となります。沸騰水型原子力発電所では主にこの水の蒸発潜熱を使って燃料を冷却しているのです。

ちょっと計算してみましょう　その2

IC作動による蒸気凝縮量

崩壊熱はどの位発生するのか

原子炉停止後発生する1号機の崩壊熱を**図その2-1**に示します。この図で横軸がスクラム後の時間，縦軸に崩壊熱量を示します（時刻ゼロ時の熱出力は1380 MWt（定格出力）です）。崩壊熱が大幅に変化する為に，対数目盛りにしてあります。崩壊熱はスクラム後急速に減じることが分かります。崩壊熱の減衰率Q（＝崩壊熱÷定格出力（運転時の熱出力））とスクラムしてからの時間t(hr)の関係式は，時間領域で分割して次のように表せます。

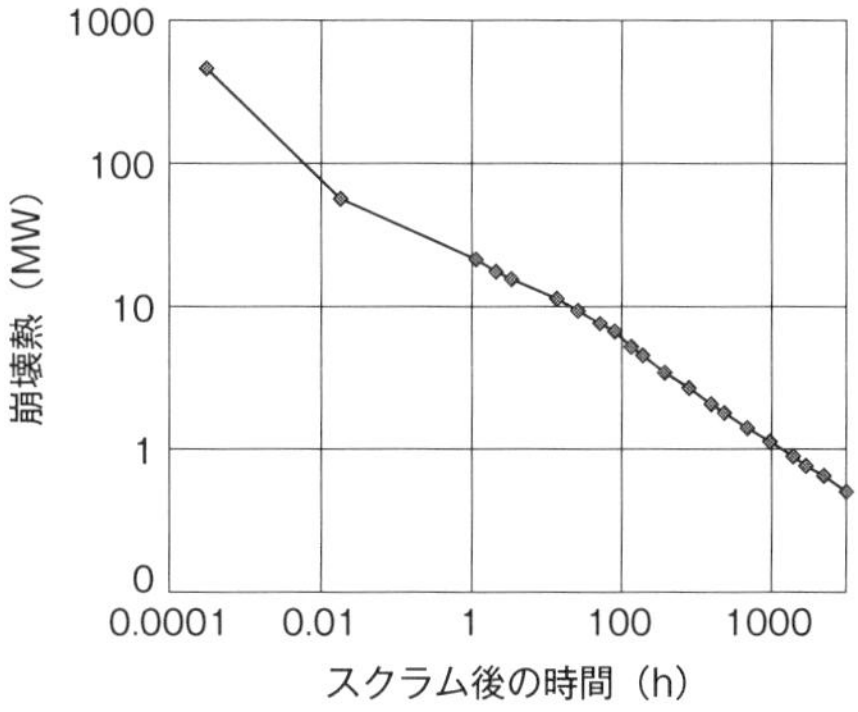

図その 2-1　崩壊熱の時間変化

$0.01 \leqq t < 1$ の場合　$Q(t)=0.0156t^{-0.240}$　(1)

$1 \leqq t < 48$ の場合　$Q(t)=0.0156t^{-0.259}$　(2)

$48 \leqq t$ の場合　$Q(t)=0.0246t^{-0.387}$　(3)

$Q(t)$に定格出力をかけることで，そのときの崩壊熱を求めることができます。図その2-1の崩壊熱は，1号炉の場合を例にとり

1380×$Q(t)$ で表示しています。但し，1 号機の定格運転時出力は 1380 MWt です。この式は，後の“ちょっと計算してみましょう”でも使います。

IC 作動時の状況は

1 号機の IC 作動により除去された崩壊熱量を計算してみましょう。IC は地震発生直後の 3 月 11 日 14：52 に自動起動され，その後断続的に 3 月 11 日の午後 3 時 17 分，3 時 24 分，3 時 32 分に手動起動しています。この状況を**図その 2-2** に示します。

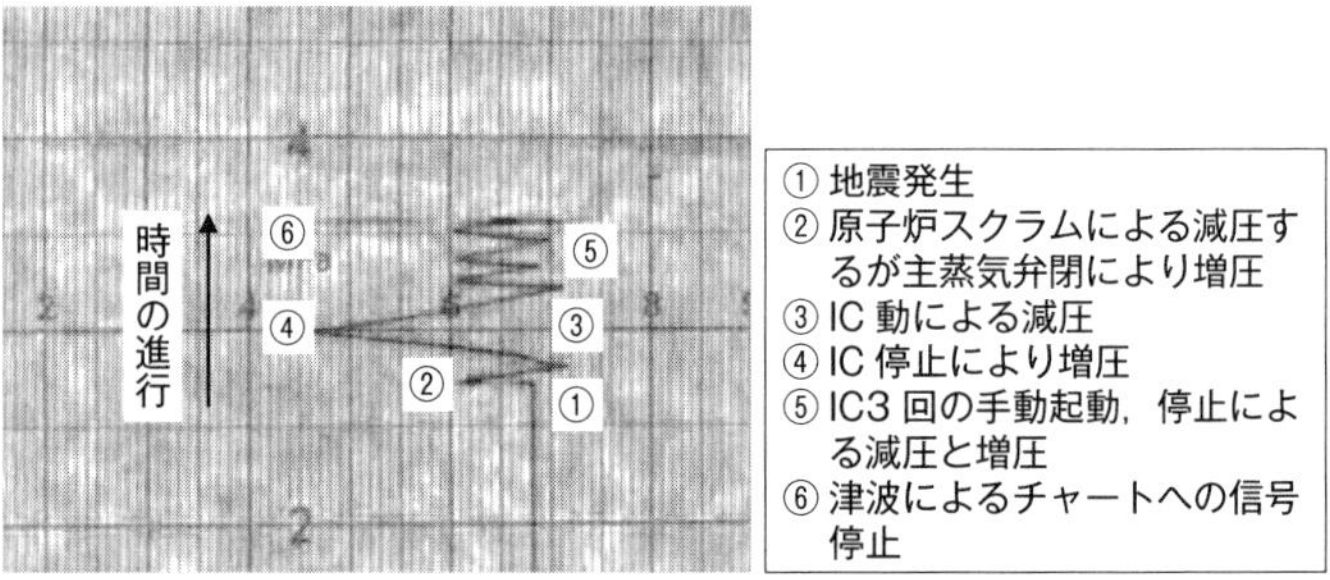
時間の進行
⑥
⑤
④
③
②
①
① 地震発生
② 原子炉スクラムによる減圧するが主蒸気弁閉により増圧
③ IC 動による減圧
④ IC 停止により増圧
⑤ IC3 回の手動起動，停止による減圧と増圧
⑥ 津波によるチャートへの信号停止

図その 2-2　IC 作動時の圧力変化

図中③の IC 作動により，IC 胴側にある大気圧下の水により原子炉からの水蒸気が凝縮され，炉心圧力は 7.18 MPa から 4.6 MPa まで低下し，その後④の IC 停止により 17 分間で圧力 7.1 MPa に回復しています。40 分間にわたり IC 作動・停止を繰り返していますが，津波によりデータ信号が途絶えています。

IC 作動による水蒸気凝縮量の計算

自動起動した 3 月 11 日午後 2 時 52 分～3 時 32 分までの 40 分間での凝縮量を計算してみましょう。炉心で発生する水蒸気は圧力約 7.0 MPa の飽和水からできるとして蒸発潜熱は 1506 kJ/kg として計算しましょう。IC 作動により凝縮された量はその間の崩壊熱に等しくなりますので，この 40 分間に発生する崩壊熱量を計算します。

ここで，熱発生量（崩壊熱）とエネルギーの関係は次のように表せます。

エネルギー(J；ジュール)＝熱発生量(W；ワット)×時間(秒)

皆様の家庭での電気料金を見ると使用量は kWh で表示されていますが，この kWh もキロワット×時間でエネルギー（kJ）の単位です。

話を戻しますと，3 月 11 日午後 2 時 52 分～3 時 32 分の 40 分間に放出されたエネルギー量はスクラム後から，6 分後～46 分後の事象ですので，①式を使って計算した結果，放出されたエネルギー E は約 65900 MJ となります。1 号機の定格運転時熱出力は 1380 MWt とします。

$$
\begin{aligned}
E &= \int_{0.1}^{0.77} 1380\,Q(t) \times 3600\,dt \\
&= \int_{0.1}^{0.77} 1380 \times 3600 \times 0.0156\,t^{-0.240}\,dt \\
&= 101975\,(0.77^{0.76} - 0.1^{0.76}) \\
&\cong 65900\ \mathrm{MJ}
\end{aligned}
$$

凝縮量は，この値を蒸発潜熱（飽和水を 1 kg 蒸発させるために必要なエネルギー）で割ることで求まります。その結果，65900×1000(kJ)÷1506(kJ/kg)≒44000 kg が IC での凝縮量で，これが水の状態で炉心の冷却水として原子炉に戻されたことになります。

ご参考までに定積分の計算方法を示しておきますので，皆様ご自身で計算される時にご活用して下さい。

$$
\int_a^b ct^n\,dt = \frac{c}{n+1}\left[b^{n+1} - a^{n+1}\right]
$$

け出す温度（約2850℃）になった状態とします。

空焚き以降は、燃料で発生する崩壊熱が全部燃料の温度上昇に使われると仮定します。また、燃料温度は空焚き開始時に300℃一様であると仮定して、それが2850℃まで加熱されるまでにかかる時間を計算します。実際のウラン燃料内部では、空焚き到達時にもっと高温になっていることを考えれば、炉心溶融までの時間は短くなりますし、高温になったウラン燃料からの輻射による放熱を考慮するとその時間は逆に長くなります。

ＩＣ作動を重ねるに従い凝縮性能はどうなるのか？

ＩＣの凝縮能力は作動を重ねるに従い減少します。ＩＣの作動により、原子炉からの水蒸気凝縮に使われたＩＣ胴側の水の温度は上昇して蒸発し、ＩＣの外に放出されます。すると、炉心からの水蒸気と胴側の水が接触する有効伝熱部の面積が減少するので、胴側での水蒸気凝縮性能が低下するのです。ただし、ＩＣの胴側部に新たな水を注入すれば、その能力を回復させる事が出来ます。

3章　2号機の事故進展と操作・判断

2号機の被災直後から格納容器付近からの衝撃音発生迄の主要事象

まず、2号機の状況を正しく把握するために、時系列で事象を記述します。

1. 3月11日午後2時46分の地震発生時に原子炉を停止させ、核分裂を〝止める〟に成功。しかし、地震により交流電源喪失（事故原因：一）。原子炉は主蒸気隔離弁が閉となり隔離され、非常用ディーゼル発電機が起動し電源が確保された。あとは炉心の冷却が最大課題となった。これらは1号機、3号機とも同様。
2. 地震直後の午後2時50分にRCIC（原子炉隔離時冷却系）を作動させ、原子炉に注水し、原子炉冷却に成功。
3. 午後3時35分の津波により、D/G・バッテリーを含む全電源と、海への熱放出手段を喪失し、崩壊熱除去が大ピンチに陥った（事故原因：二）。RCICは手動での再起動に成功。
4. 当日から3月14日午前7時半頃まで、RCICにより原子炉への注水と炉心冷却に成功した。

5. 3月14日午前7時30分にRCICの機能停止後、午後7時54分の消火ラインからの淡水注水開始まで、炉心への注水は無く、燃料は露出後空焚きになり、燃料は溶融したと判断する（ちょっと計算してみましょう―その3参照）（事故原因：三）。

6. 3月15日午前0時2分D／Wベント弁（AO弁）小弁開操作。ラプチャーディスクを除く、ベントライン構成を完了したが、ベントは未だできず、ベント実行迄に時間がかかっている状況（事故原因：四）。

7. 3月15日午前6時頃格納容器付近で大きな衝撃音発生。この後は格納容器圧力が低下している（事故原因：五）。

地震・津波発生直後しばらくの間二号機の冷却は成功した

2号機で炉心冷却の観点から重要なことはRCICを作動させたことです。これにより原子炉外からの注水が可能となり、炉心冷却上ひとまず安心となったわけです。RCICは3月11日午後2時50分の地震発生直後から手動で作動させ、原子炉水位高（通常運転時の最高水位でL8と称す。通常運転時の水位より約0.3m上部の位置）で停止し、原子炉水位低（通常運転時の最低水位でL2と称す。通常運転時の水位より約2.4m下部の位置）で再び起動させています。RCICは津波以降も含めて作動、停止を繰り返しましたが、3月14日午後1時25分には停止して再起動ができなかったことが確認されています。正確にいつ停止したかは定かではありません。RCICが断続的に機能している間は炉心冷却は実現できていることになります。

原子炉水位が燃料上部（Top of Active Fuel：TAFと称す）以上に確保されていれば、炉心は冠水されています。炉心内の水によって崩壊熱は除去され、炉心は冷却されています。**図1-3**に2号機の3月12日～3月15日付近の原子炉内・格納容器の圧力を示します。

RCICは、原子炉の圧力データの変化状況から判断しますと、3月14日午前7時30分頃には、それまで5.3MPaで一定であった原子炉圧力が急に増加しています。これは、炉心に温度の低い冷却水が供給さ

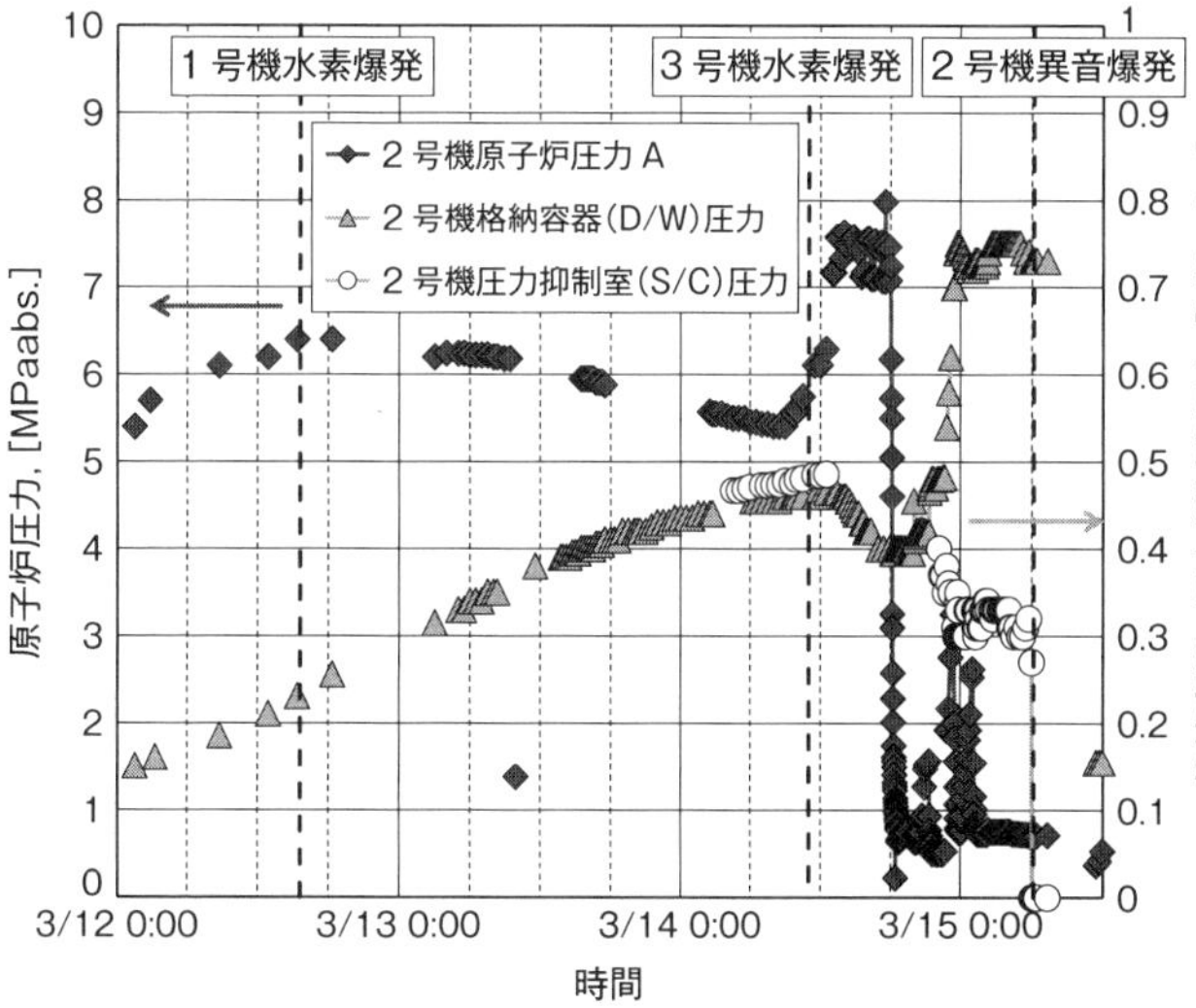

図 1-3　2号機3月14日付近の原子炉内・格納容器の圧力

れ難くなり、蒸気発生量が増大して原子炉圧力が増大したものと考えます。そのため、この時間にはRCICの機能がほぼ喪失されていると考えます。この時刻まで、つまり、地震発生後約65時間後までは炉心冷却に成功していたことになります。

2号機の炉心空焚きはいつ起きたのか

原子炉圧力は、3月14日午後6時頃には7 MPa以上でしたが、その後午後6時6分には5.3 MPa、午後6時40分には0.63 MPaと急速に減少しています。

3月14日の午後7時54分、消火系より海水注入が開始されましたが、3月14日の先ほどRCIC機能喪失と判断した午前7時30分頃から海水注入開始の午後7時54分までの約11時間24分の間にわたり炉心への注水が確認されていません（RCIC停止が確認された時刻午後1時25分からとしても約6時間半）。このような長時間にわたって炉心への注水が無い事は燃料冷却上非常に危険なことでした。

炉心が空焚きとなったのはいつ頃なのでしょうか。炉心入口の流体条件は圧力5.3 MPa、温度60℃として計算してみましょう。〝ちょっと計算してみましょう―その3〟に計算結果を示します。

空焚きとなる時間は、計算を開始するときの水位に大きく依存しています。計算結果からは、2号機の空焚き時刻は、注水中断時（RCIC停止時）の炉心内水位により、通常運転時位置では3月14日午後4時46分、水位低（L2）位置では3月14日午後1時24分、燃料上部位置では3月14日午前9時46分となります。

これは、3月14日のRCIC機能喪失時刻午前7時30分頃より、約2時間～9時間後には炉心が空焚きになってしまうことを示しています。ただし、炉心水位が燃料上部から下部に達する時間は約2時間余りです。

炉心は空焚き後どうなったのか？

長い時間注水が無く、炉心空焚き後に燃料は大きく損傷したと考えられます。3月15日午前6時頃S／C付近で大きな衝撃音が発生しました。水素爆発の可能性が考えられており、同時に格納容器圧力は急減少しています。

図1-3 からわかるように3月14日正午頃からD／Wの圧力が一時低下しています（S／C側はこの間データが有りませんが、それまでの挙動からD／W側とほぼ同様に推移しているのではないかと考えられます）。また、3月14日午後6時頃からは、S／C側の圧力はゆっくりと低下しているのに対して、D／W側の圧力が上昇しています（安全弁が直接D／Wに吹いた可能性が高い）。3月15日午前6時頃にS／C側でリーク（格納容器からの漏れ）が発生して体系外から空気が流入し、水素の可燃限界に至ったことが、2号機の場合も考えられます（ただし、空気が水素で充満した中に少しずつ混入する形だったため、1号機・3号機のような爆発的な事象には

ならなかったと考えられます）。
RCIC機能停止後かなり長時間原子炉への注水がされていませんでしたが、1号機での経験を活用し、なぜもっと早期の注水準備ができなかったのか反省点が残ります。原子炉への注水に関しては海水注入以後、3月27日午後6時31分に淡水注入に切り替えられています。付録に2号機の主要事象操作を時系列（月日、時：分）に示します。

ここで、地震発生以降S／C付近での大きな衝撃音発生までの状況を振返ってみましょう。推察する2号機の状況を**図1-4**に示します。この図の基本的考え方は**図1-2**と同様です。燃料健全、炉心溶融の時刻は、炉心への注水が無くなった時の原子炉水位に依存しています（図中の矢印でその幅を示してあります）。水位が高いほど各時刻は遅くなります。

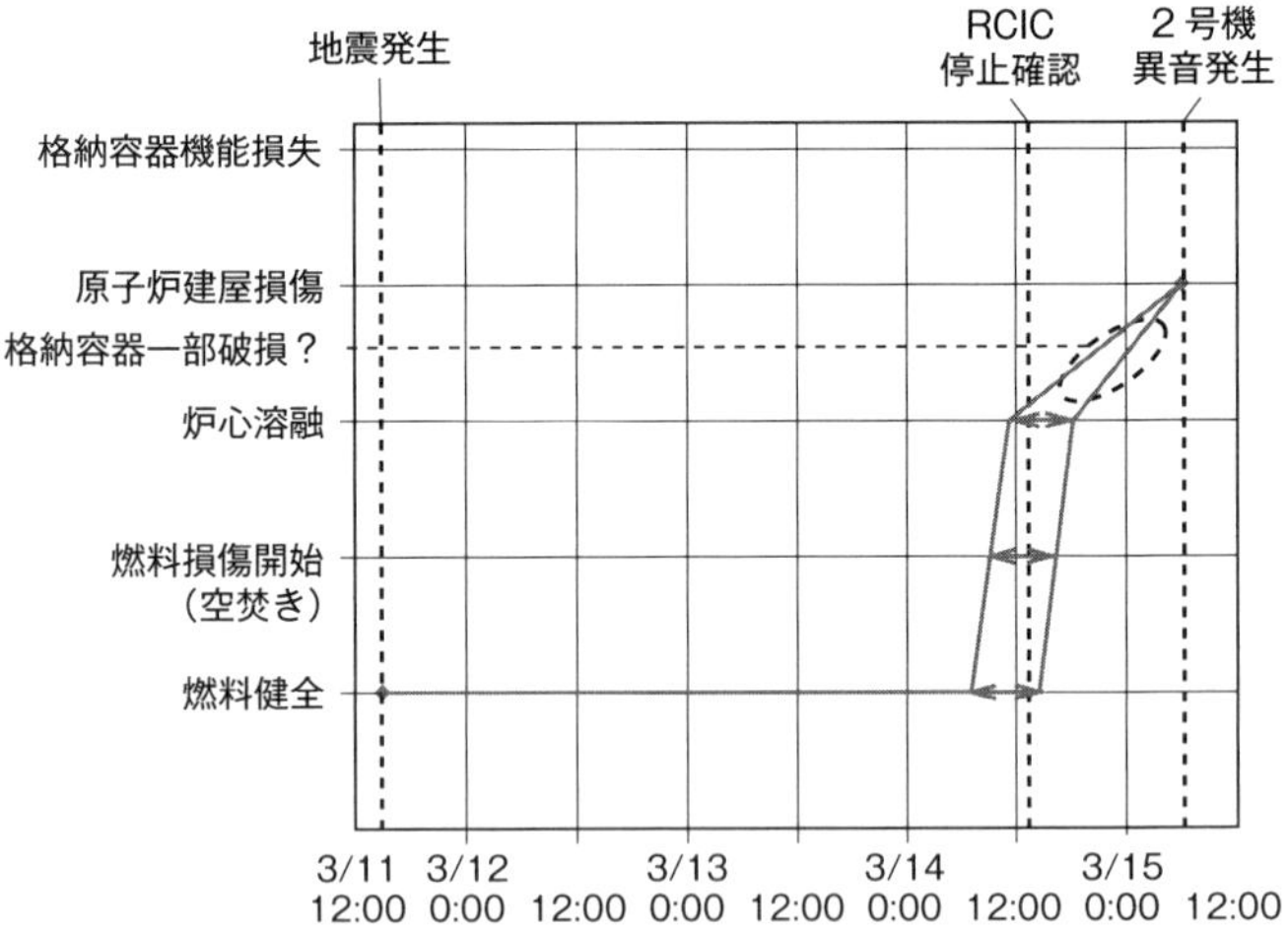

図 1-4　2号機の事象の進展

4章　3号機の事故進展と操作・判断

3号機の被災直後から水素爆発迄の主要事象

まず、3号機の状況を正しく把握するために、時系列で事象を記述します。

1. 3月11日午後2時46分の地震発生時に原子炉を停止させ、核分裂を〝止める〟に成功。しかし、地震により交流電源喪失（事故原因：一）。
2. 原子炉は主蒸気隔離弁が閉となり隔離され、非常用ディーゼル発電機が起動し電源が確保された。あとは炉心の冷却が最大課題となった。
3. 午後3時5分にRCICを作動。原子炉に注水し、原子炉冷却に成功。
4. 午後3時35分の津波により、D／G、バッテリーを含む全電源と海への熱放出手段を喪失し崩壊熱除去が大ピンチに陥った。（事故原因：二）津波後のRCICの再起動に成功。
5. 3月12日午前11時36分にRCIC停止。その約1時間後の3月12日午後0時35分にHPCI（高圧注水系）が自動起動し原子炉へ注水実施。（炉心冷却は一安心）

6. 3月13日午前2時42分HPCI停止が確認された。しかし、この時の原子炉圧力は低く、3月12日午後7時にはHPCIの機能が期待できない状態と判断。この後の注水をすぐに行わないと炉心冷却上窮地に陥いるので、一刻の猶予もなかった。

7. 3月13日午前9時25分に淡水注入開始

8. 3月12日午後7時から注水開始の3月13日午前9時25分迄の約16時間半にわたり炉心への注水が無い。その間に燃料は露出し、その後空焚きになり、燃料は溶融したと判断（〝ちょっと計算してみましょう―その3〟参照）（事故原因：三）。

9. 3月13日午前9時36分格納容器ベントにより、格納容器の減圧を確認。ベント実施までに多くの時間を要した（事故原因：四）。

10. 3月13日午後1時12分海水注入開始。

11. 3月14日午前11時頃原子炉建屋で水素爆発発生。ジルコニウム―水反応により水素が発生したもので、この爆発により大量の放射性物質が飛散（事故原因：五）。これは1号機と同様に3号機でも燃料溶融が生じて、高温になったジルコニウムと水が反応し、大量の水素が作られたことを示している。

地震・津波発生直後暫らくの間3号機の冷却は成功した

3号機は、地震発生19分後にRCICを手動起動させましたが、その後原子炉水位の上限である水位高位置（L8）の信号によって自動停止しています。RCICは津波以降も含めて作動、停止を繰り返し、3月12日午前11時36分に停止し、再起動できなくなりました。その約1時間後にHPCIが原子炉水位低（L2）の信号を受けて自動起動しています。HPCIが起動するもととなった水位低位置（L2）は炉心の上端（TAF）よりも上の位置ですので、HPCI起動までの炉心はずっと冠水状態でした。その後3月13日午前2時42分にはHPCIの停止が確認されています。

図1-5に、3号機の3月13日付近の原子炉内と格納容器の圧力を示します。HPCI起動後、HPCI作動に炉心からの水蒸気を大量に使ったこと、原子炉に低温の水が注入されることにより蒸気発生量が減少したことなどにより、原子炉圧力は7.5MPa付近から急速に低下しています。その後、3月12日午後7時頃には約1MPa近くになっており、この時刻のあたりで原子炉の水蒸気を駆動源とするHPCI

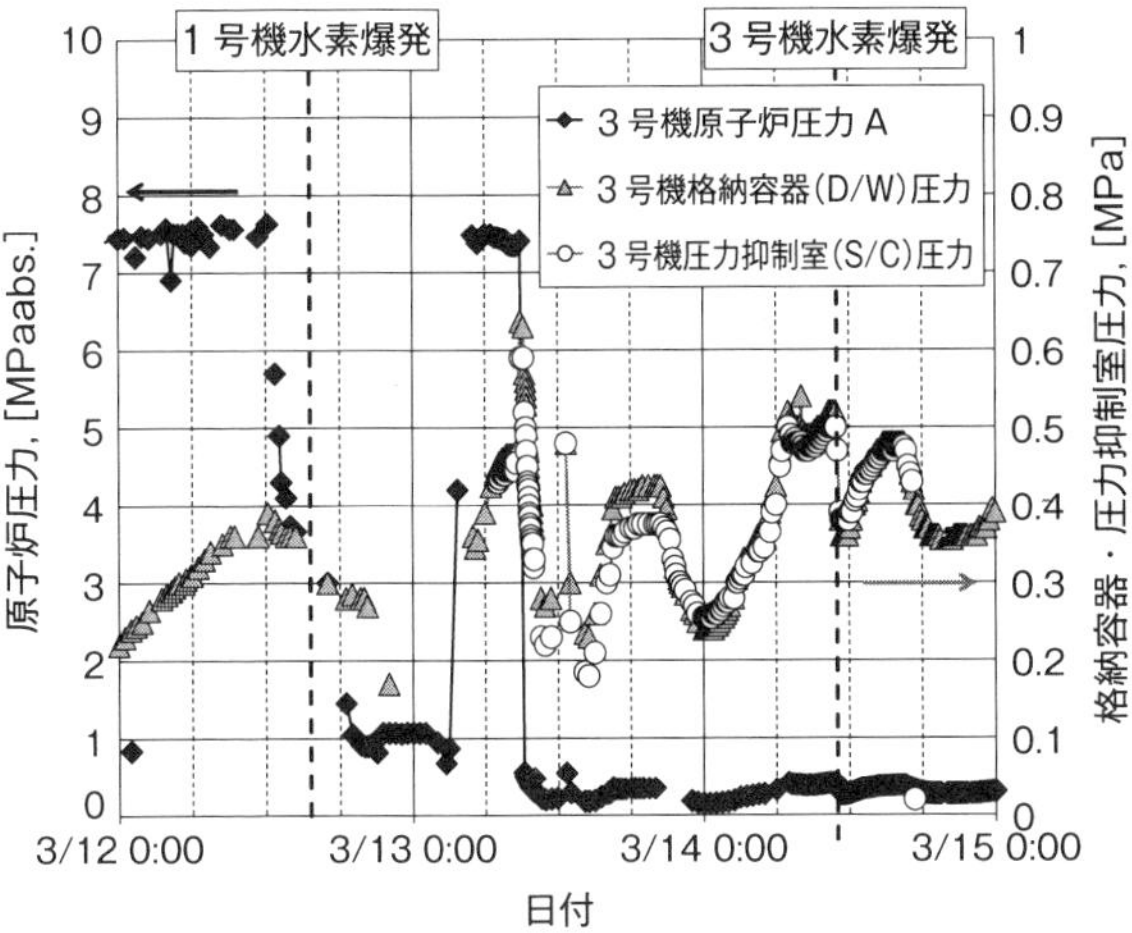

図 1-5　3号機3月13日付近の原子炉内・格納容器の圧力

の機能はほとんど無くなったと推定されます。
地震発生以降3月12日午後7時頃まではRCICとHPCIの機能により炉心を冠水状態に維持でき、その間の炉心冷却に成功しました。

3号機の炉心空焚きはいつ起きたのか

その後、3月13日午前2時40分頃から原子炉圧力が急上昇し、格納容器圧力も上昇しています。これは原子炉で蒸気発生量が急増し、原子炉圧力の上昇を抑えるために、逃し安全弁や安全弁が作動したためと推察します。HPCI機能喪失の推定時刻3月12日午後7時頃から、注水開始の3月13日午前9時25分までの約14時間半（HPCI停止確認からとすれば約6時間40分）にわたって原子炉への注水は無かったことになります。

3号機の炉心空焚き時刻を計算しましょう。〝ちょっと計算してみましょう―その3〟に計算内容を示します。炉心入口の流体条件は圧力1MPa、温度60℃とします。炉心が空焚きとなる時間は2号機と同様に、注水中断時（HPCI停止時）の炉心水位位置により異なります。その水位が①通常運転時位置では6時間53分後となる3月13日午前1時53分、②水位L2位置では4時間23分後となる3月12日午後11時23分、③水位燃料上部位置では約1時間41分後となる3月12日午後8時41分となります。

これは、HPCI機能喪失後およそ1時間40分後から約7時間で炉心が空焚きとなることになります。水位が燃料上部から下部に達するまでの時間は約1時間40分余りです。

この計算では、炉心空焚きとなるのは、遅いケースで3月13日午前1時53分となりますが、図1-5のプラントデータによると原子炉圧力が急上昇するのは3月13日午前2時44分以降です。計算の空焚き時間がプラントデータによる原子炉の圧力急上昇時間より早い時間となるのは、計算を始める初期水位（HPCI機能停止時）が通常運転時水位より上部にあったためと考えられます。当計算とプラントデータとから判断すると、HPCI機能停止時の炉心水位はかなり上部にあり、実際の空焚き開始時間は、3月13日午前1時46分より3月13日午前4時頃の間と推察されます。

炉心空焚き後の3号機の事象

計算によればHPCI機能停止後、炉心は遅くても9時間後の3月13日午前4時頃には空焚きになったものと推察します。その後の原子炉への注水は3月13日午前9時25分～午後0時20分、3月13日午後1時12分～3月14日午前1時10分、3月14日午前3時20分～午前11時頃の間断続的に行なわれましたが、これらの時刻には燃料は既に空焚きを経て、大幅に損傷していたものと推察されます。

格納容器のベント弁は3月13日午前8時41分、3月13日午後0時30分、3月14日午前5時20分に開操作が行なわれました。ベントにより格納容器圧力は低下しましたが、3月14日午前11時頃

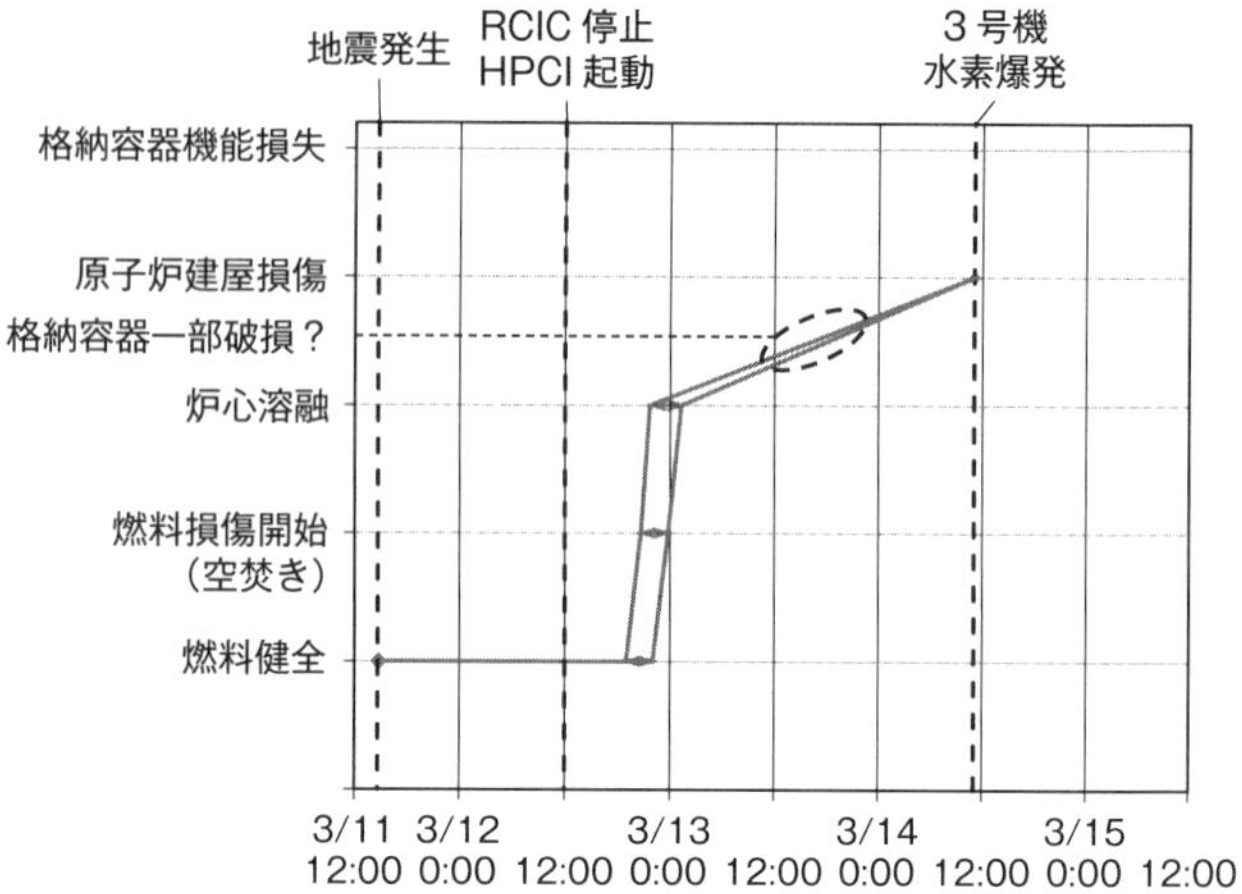

図 1-6　3 号機の事象の進展

原子炉建屋での水素爆発発生となってしまいました。2号機と同様ですが、HPCI機能停止後、かなりの長時間原子炉への注水が有りませんでした。1号機の経験をどの位活かせたのか、が反省点です。

3月14日午後4時30分頃から原子炉への海水注入が再開され、3月25日午後6時2分からは淡水に切り替えられて、溶融燃料の冷却が行なわれました。付録に3号機の主要事象操作を時系列（月日、時：分）に示します。

ここで、地震発生以降水素爆発までの状況を振返ってみましょう。

推察する3号機の状況を**図1-6**に示します。この図の基本的な考え方は**図1-4**と同様です。燃料健全、炉心溶融の時刻は、炉心への注水が無くなった時の原子炉水位に依存しています。水位が高いほど各時刻は遅くなります。

ちょっと計算してみましょう　その3

1〜3号機の炉心が空焚きとなった時刻は何時か？

原子炉通常運転時の状況

まず，1号機について計算します。1号機で炉心への注水が無くなり，炉心が空焚きとなるまでの時間を計算してみましょう。地震発生前の通常運転時には，炉心は圧力約7 MPa，温度284℃で，炉心入口部を含む原子炉内他部分の水は圧力約7 MPa，温度約270℃です。津波被災時も，炉心入口部はほぼこの状態でした。IC作動中は原子炉圧力容器内の冷却水は原子炉圧力容器外部には放出されていませんでしたので，IC作動停止時の炉心水位は通常運転時位置とします。

1号機炉心の空焚きは何時？

津波被災後の3月11日午後3時35分〜午後6時18分までICは作動せず，炉心への注水はありませんでした。崩壊熱によりシュラウド内部で燃料下部より上，及びシュラウド外部でジェットポンプ吸い込み口より上の水が蒸気になる迄の時間を計算してみます（本書では炉心が空焚きとなるまでの時間と定義しています）。IC作動停止後は原子炉圧力は主に逃し安全弁により制御され，原子炉圧力容器外に水蒸気が放出されていました。

計算では，原子炉圧力容器内の水量を考慮し，炉心入口温度を270℃，圧力は7 MPa，初期炉心水位は通常運転時の位置とします。この条件で，270℃の水を蒸気にするには1588 kJ/kgのエネルギーが必要です。

原子炉圧力容器内に関しては，シュラウド内（炉心の平均ボイド率を40％とし，水の部分は32.5 m^3）とシュラウド外で，ジェットポンプ吸い込み口より上部（容積66.1 m^3）の水の容積は合計約98.6 m^3となり，水量は約75.9 t（密度770 kg/m^3で＝98.6×770/1000 t）となります。この水を蒸気にするには1.205×10^5 MJ（＝

75900×1588/1000）のエネルギーが必要となります。

IC停止の3月11日午後3時35分（スクラム後0.8時間）から崩壊熱累計が1.205×10^5 MJとなる時間（スクラム後t時間とする）は“ちょっと計算してみましょう。その2”の(1)と(2)式を使い下記(1)式で計算できます。ここで1号機の定格運転時熱出力は1380 MWtとします。

$$1380\times3600\left(\int_{0.8}^{1.0}0.0156\,t^{-0.240}\,dt+\int_{1.0}^{t}0.0156\,t^{-0.259}\,dt\right)=120500 \tag{1}$$

この式を積分して解くと，$t=2.575$時間→2時間35分でIC停止後1時間46分後となります。この時刻は3月11日午後5時21分でこの時間に炉心が空焚きとなります。炉心が空焚き状態が続くと，燃料冷却が困難となり，燃料集合体上部から燃料温度が上昇し，燃料溶融に至ってしまいます。

2号機炉心の空焚きは何時？

2号機は地震発生直後にRCICを起動させ，炉心に注水していました。原子炉圧力のデータから3月14日午前7時30分頃（スクラム後64時間45分後）から原子炉への実質的注水が無くなったと判断します（本文参照）。空焚きとなるのは注水停止時の水位位置により異なりますが，2号機の場合その水位は1号機と異なり推察困難です。そこで，注水停止時の水位が

①通常運転時位置

②水位低位置（L 2）

③燃料上部位置（TAF）

の3種類について計算します。

2号機の水位より下部の容積は水位の位置により異なり，シュラウド外でジェットポンプ吸込み口より上から水位迄とシュラウド内で燃料下端（BAF）より上部（シュラウド内は40％ボイド率とする）の水の容積は水位が

①通常運転時位置の時 151.60 m^3

②水位低（L 2）位置の時 97.60 m^3

③燃料上部位置（TAF）の時 37.89 m^3

で，これらの数値は 3 号機も同じです。

2 号機の空焚き計算では炉心入口水温 60℃，圧力は約 5.3 MPa で水の密度は 985.46 kg/m^3，蒸発潜熱は 2536.0 kJ/kg とします。注水停止時の空焚き対象となる水の重量は，前記

①の時：149400 kg（＝151.60×985.46（kg）とします）

②の時：96181 kg

③の時：37339 kg

となります。この水を水蒸気にする時の必要エネルギーは，前記

①の時：378880 MJ（＝149400×2536.0/1000 MJ）

②の時：243920 MJ

③の時：94692 MJ

となります。

2 号機で RCIC 機能停止の時刻を 3 月 14 日午前 7 時 30 分とします。これはスクラム後 64.73 時間です。この時間を用いて式(1)と同様にして計算しましょう。空焚きはスクラム後 t 時間とします。但し，原子炉熱出力は 2381 MWt で，崩壊熱は“ちょっと計算してみましょう：その 2”の(3)式を使いましょう。先ず，注水中断時の原子炉水位を①通常運転時位置とします。2 号機の定格運転時熱出力は 2381 MWt とします。

$$2381\times3600\left(\int_{64.73}^{t}0.0246\,t^{-0.387}\,dt\right)=378880 \qquad (2)$$

この式を積分して解くと，$t=73.995$(h)→ 74 時間 0 分で注水中断後 9 時間 16 分後となります。この時刻は 3 月 14 日午後 4 時 46 分でこの時間に炉心が空焚きとなります。

次に，注水中断時の原子炉水位を②水位低（L 2）位置とします。式(2)と同様にして計算式を作り，解くと $t=70.64$(h)→ 70 時間 38 分で注水中断後 5 時間 31 分後となります。この時刻は 3 月 14

日午後1時24分でこの時間に炉心空焚きとなります。

最後に，注水中断時の原子炉水位を③燃料上部（TAF）位置とします。式(2)と同様にして計算式を作り，解くと $t=67.00$ 時間で注水中断後2時間16分後となります。この時刻は3月14日午前9時46分でこの時間に炉心空焚きとなります。

以上，2号機の空焚き時刻は注水中断時の位置により，通常運転時位置では3月14日午後4時46分，水位低（L 2）位置では3月14日午後1時24分，燃料上部位置では3月14日午前9時46分となります。

3号機炉心の空焚きは何時？

3号機は地震発生直後にRCICを起動させ，その停止後HPCIが作動し炉心に注水していました。原子炉圧力のデータから3月12日午後7時（スクラム後28.23時間）をHPCIの機能停止とします（本文参照）。空焚きとなる時間は2号機と同様で，HPCI機能停止時の炉心水位により異なりますので，注水停止時の水位が

①通常運転時位置

②水位低位置（L 2）

③燃料上部位置（TAF）

の3種類について計算します。

3号機の形状・寸法は2号機と同様ですが，炉心入口の流体条件は水温60℃，圧力は約1.0 MPaで水の密度は983.59 kg/m^3，蒸発潜熱は2525.1 kJ/kgとします。注水停止時の空焚き対象となる水の重量は，前記

①の時：149110 kg（$=151.60\times983.59$ kgとします）

②の時：95998 kg

③の時：37268 kg

となります。この水を水蒸気にする時の必要エネルギーは，前記

①の時：376520 MJ（$=149110\times2525.1/1000$ MJ）

②の時：242410 MJ

③の時：94106 MJ
となります。

3号機での炉心空焚きは式(2)と同様にして，スクラム後28.23時間から計算しましょう。但し，崩壊熱は“ちょっと計算してみましょう：その2”の(2)式を使いましょう。

まず，注水中断時の原子炉水位を ①通常運転時位置とします。3号機の定格運転時熱出力は2381 MWtとします。

$$2381\times3600\left(\int_{28.23}^{t}0.0156\,t^{-0.259}\,dt\right)=376520 \qquad (3)$$

この式を積分して解くと，$t=5.117$(h)→35時間07分であり，注水中断後6時間53分後となります。この時刻は3月13日午前1時53分でこの時間に炉心が空焚きとなります。

次に，注水中断時の原子炉水位を②水位低（L 2）位置とします。式(3)と同様にして計算式を作り，解くと $t=32.619$(h)→32時間37分であり，注水中断後4時間23分後となります。この時刻は3月12日午後11時23分で，この時間に炉心空焚きとなります。

最後に，注水中断時の原子炉水位を③燃料上部（TAF）位置とします。式(3)と同様にして計算式を作り，解くと $t=29.914$ 時間→29時間55分であり，注水中断後1時間41分となります。この時刻は3月12日午後8時41分であり，炉心空焚きとなります。

以上3号機の空焚き時刻は注水中断時の位置により，通常運転時位置では3月13日午前1時53分，水位低（L 2）位置では3月12日午後11時23分，燃料上部位置では3月12日午後8時41分となります。

その結果，空焚きとなる時刻は，3月12日午後8時41分～3月13日午前1時53分の間と計算されます。水位が燃料上部から下部に達するまでは約1時間40分前後となります。プラントデータとの比較での評価は本文で行います。

2 編

原子力発電とは何か？

原子力工学について学んだ経験はないが、福島第一原子力発電所の事故について興味をお持ちの方に、他の編で記述してある、福島第一原発事故はどうして起こったのか、その事故をどう評価し、どう安全性を確立していくべきかをご理解いただくことを目的として執筆しています。紙面の都合上、教科書のような詳細な記述はできませんが、再起動を含めた原子力発電所の安全性の確立の在り方を考えていただく上で、必要最小限の原子力発電の仕組みについて述べております。

はじめに、原子力発電の黎明期から発展期、スリーマイル島とチェルノブイリの原発事故を経験した時代、その後、福島原発事故が発生するまでの時を振り返り、わが国の当時の安全評価の考え方を述べ、演じてきた原子力発電の役割を記述しております。

そして、原子力発電の仕組みについて紹介します。核分裂でどのようにして熱が発生するのか、核分裂炉の特徴とは何か、原子燃料、制御棒、原子炉圧力容器や原子炉格納容器等の原子炉の基本構造はどうなっているのかを示します。そして、福島第一原発で事故を起こした沸騰水型炉の構造の特徴、特に、冷却材の循環系の構造と残留熱除去装置の構造を示します。なお、比較のために加圧水型炉の構造の特徴も加筆しました。

また、柏崎刈羽原子力発電所6、7号機として導入され、その後、他の発電所でも運転や建設が進められている改良型沸騰水型炉（ＡＢＷＲ）と敦賀原子力発電所に建設が計画されている改良型加圧水型炉（ＡＰＷＲ）の特徴も紹介しております。

1章　原子力発電の役割

原子力発電の黎明期から発展期へ

原子力開発の歴史は、わが国にとって不幸の始まりでした。その技術は、広島と長崎に投下された原子爆弾の開発でした。第二次世界大戦後は、戦勝国五カ国が原爆開発を行い、地球環境は劣悪になりました。そして、原子力潜水艦や原子力航空母艦という軍事的な目的の動力源として開発されて行きました。その中で、原子力を平和目的に利用と使用という願いが世界的に湧き出て、民生利用の原子力発電という形で開発が進められました。エネルギー資源の乏しいわが国でも、英国からコールダーホール型のガス冷却炉が輸入され、その後、加圧水型炉と沸騰水型炉が米国から導入され、それらのわが国独自の改良標準化に関する国家プロジェクトも立ち上がり、安全性の向上に焦点が絞られて発電炉の開発が進められました。

昭和48年（1973年）10月6日に勃発した第四次中東戦争により、第一次オイルショックが起こりました。また、昭和54年には、イランで革命が起こり、政争の道具として石油生産を中断しました。その結果、わが国は同国から大量の原油を購入していましたので、石油の需給関係が逼迫して第二次オイルショックとなりました。石油資源の乏しいわが国は困りました。そこで、石油に代わるエネルギー源の開発が活発に行われるようになったのです。燃料資源の輸入が容易なこと、大量の発電が可能なことから原子力発電が石油の代替エネルギー、すなわち、代替電力源として注目されました。

原子力発電所は、大量の核燃料物質や核分裂によって生まれる核分裂生成物を収納しているために、その安全性の確立が重要な課題となり、原子炉を構成する材料の長期にわたる健全性や安全性に関する実規模大の大型試験が当時の日本原子力研究所や電力会社、原子力メーカーで実施されていました。また、大学などでもこれらの実証試験のバックアップとしての基礎研究が活発に実施されるようになりました。

スリーマイル島とチェルノブイリの原発事故

今回の福島原発事故のように、炉心が溶融した原発は以前にもありました。

1979年（昭和54年）3月28日に、米国のスリーマイル島の原子力発電所で燃料溶融事故が発生しました。その主たる原因は、運転員の判断ミスによる人的な過誤（ヒューマン・エラーと呼ばれます）でした。この事故を受け、ヒューマン・エラーをなくすための従来にない人文科学と融合した新しい学問分野が創生され、原子力発電所の中央制御室を運転員がなじみやすい設計を追及し、運転員が失敗してもその事象が安全側に収束するような安全系統の設計、軽水炉で事故が発生した場合の事故の進展を精度よく解析できる安全解析コードの開発とその開発を支えるための試験的研究が行われるようになりました。

その最中、1986年4月26日に旧ソ連のチェルノブイリ原子力発電所4号機で臨界事故が発生し、大量の放射性物質が欧州一帯に放出され、大きな被害を生みました。

スリーマイル島の原発事故を受け、当時、金利が高騰していることと相まって米国で原子力発電所の新規建設が途絶えました。一方、チェルノブイリ原発事故の放射能被害が大きかった欧州諸国では、原子力発電に対するモラトリアムが起こりました。運転を停止する国々や、代替エネルギーの開発を条件に原子力発電から撤退する国々が生まれました。

わが国の当時の安全評価

わが国の原子力関係者は次のように考えました。チェルノブイリ原発は軽水炉と炉型が異なるので、わが国の軽水炉ではこのような臨界事故は起こらない。そして、軽水炉の一層の定着を目指して、『軽水炉はすでに完成された技術であり、十分に安全性が高い』という主張が電力会社を中心に発信されました。大学で、安全性をさらに追及しようとしていた我々にとっては、向かい風の時代でした。安全性のさらなる改善より、原発の周辺の皆様の安心感をどのように得ていけるかという議論が活発になりました。

世界的に見ますと、１９７０年代半ば以降進められた確率論的安全評価の結果を受けて、原子力発電の安全性の見直しが行われるようになり、炉心溶融事故の発生確率を低減させ、信頼性を向上させることが検討されました。自然の物理法則で作動する受動的安全設備を導入した中小型軽水炉の概念が提唱され始めました。自然の物理法則とは、水は高いところから低いところへ流れることや、熱は熱いところから冷たいところへ流れるという自然の摂理です。

世界の潮流を受け、わが国でも、軽水炉の安全設備の高度化に関する調査研究が実施されました。安全設計評価における「設計基準事象」の見直し、すなわち、安全システムの高度化が必要かどうかについて検討されました。設計基準事象とは、設計上考慮すべき事象を意味し、炉心溶融事故はその対象外でした。

世界で提唱されていた高度安全システムには、炉心の溶融による再臨界事故を防止するためのコアキャッチャー、原子炉内の放射性物質の外部への漏えいを防止することを目的とした二重格納容器、格納容器内の冷却を外部からの動力無しで自然の物理法則にその機能を委ねる受動的冷却設備、バルブを開くだけで重力により冷却水を72時間炉心に注入できる重力落下緊急炉心注水系、消防車等で外部から冷却水を注入できる消火系ライン等がありました。

原子力発電の役割とは

わが国の総発電量に占める原子力発電の割合は、福島原発事故の発生以前には約30％でした。

2011年は非常事態として、政府は、家庭や企業等に15%の節電の要請を致しました。この要請に協力が得られたことで、ピーク電力を迎える夏期には停電することなく、電力供給不安は無事に乗り切ることができました。2011年9月現在、総発電量に占める原子力発電の割合は10%程度になっています。

しかし、この節電の要請が恒常的になればどうなるでしょう。電力供給不足は、円高と相まって、民間企業の海外進出が加速しています。わが国の物作り産業は大丈夫でしょうか、衰退していくのではないでしょうか。仕事がなくなれば、勤務体制をタイムシェアリングとすることによる賃金カットや、失業者が増える事態となるのは明らかです。特に、若年層の就業の機会が失われるようになれば、ヨーロッパの主要国で見られる社会不安の増幅にもつながりかねません。また、輸出産業が衰退すれば、国際収支が赤字になり、結果的にLNGの輸入も困難になります。今、容易に原子力発電から全面撤廃を決定することは、後世に大きな負担を強制することになります。しかし後世において、現在の原子力発電量を上回る再生可能なエネルギーによる発電量が達成でき、わが国の物づくりの産業構造が節電型にシフトする時代を迎えたときに、国民の総意として原子力発電を廃止することに反対するものではありません。

科学技術進展の必要性

先に述べましたように、福島原発の事故により、アンケート調査によれば現時点では多くの国民が原発の廃止を望んでいますが、将来のわが国にとって原発が必要かどうかの選択は、廃止に対する電源確保対策等の対応措置を熟慮する必要があります。国内外の政治、経済、社会的情勢を十分踏まえて、次の世代あるいは次の次の世代が選択すべきであると考えます。

特に、科学技術は日々に進化、発展しています。人が設計し、建設し、運転して、保守点検を実施する以上、どのようなシステムでも絶対的に安全なものはありません。

一般には、そのシステムから受ける利益と不利益、例えば、危険性を、同じ人が受けるのであれば、その人の判断で選択できます。しかし、原発の最大の問題点は、福島原発を例にあげれば、東京近郊の人々が電力消費という恩恵を得る一方、事故によるリスクは福島県民を中心とする周辺の人々が被ったということです。このような状況に対しては事故の発生拡大を、常に防止していくために、科学技術を進展させていかなければならなかったのです。

発展途上国を中心に、原子力発電の新規導入が検討されております。世界のすべての国で原子力発電がなくなるのであれば、わが国では廃炉や廃棄物の管理と処分に関する分野の研究開発とそれらの分野の人材育成を行えばよいのでしょう。しかし、原子力発電所の建設と運転が続くのが世界の趨勢であれば、二度と福島原発のような事故が発生しないようにしなければなりません。福島原発事故で学んだ教訓を世界に伝承する必要があります。

現在でもなお、わが国の原子力安全に関する技術は世界でもトップレベルにあり、これを世界に伝える役割は日本の責務であります。

2章　原子力発電の仕組み

2.1　原子力発電の特徴

火力発電と原子力発電

火力発電と原子力発電の違いはどのようなものでしょう？

図2-1に示しますが、火力発電は、LNG、重油や石炭等の化石燃料をボイラで燃し、その燃焼熱がボイラの伝熱管内を流れる水を蒸発させます。その蒸気がタービンに供給され、タービンの翼を回転させ、タービンに連結された発電機により発電する仕組みと

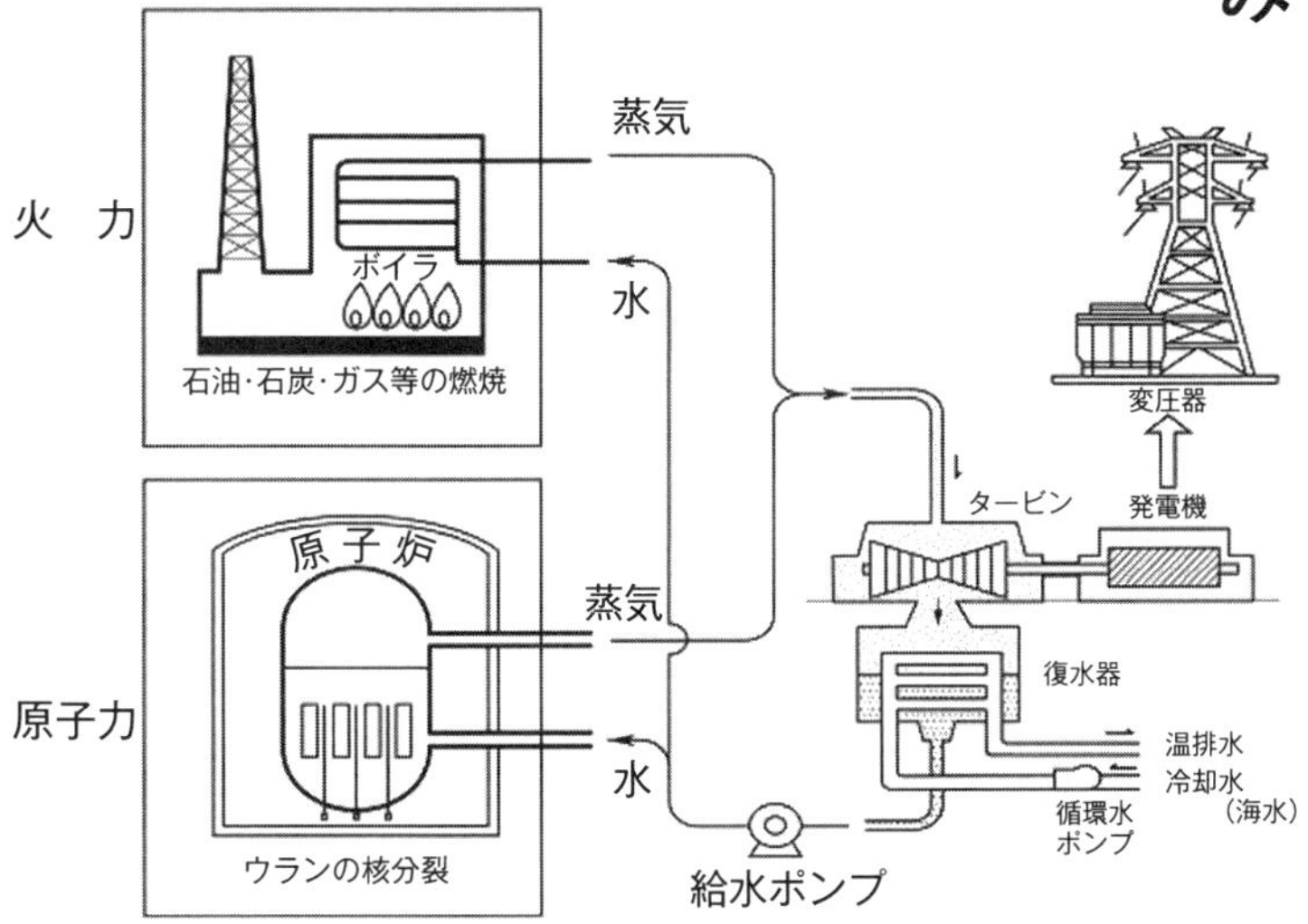

図 2-1　火力発電と原子力発電の違い

なっています。

一方、原子力発電は、原子炉内での核分裂反応により発生した熱から蒸気を作ります。発熱の仕組みは両者で異なりますが、発生した蒸気を用いた発電の基本的な仕組みは両者共同じです。

沸騰水型炉と加圧水型炉

わが国の商業用の原子力発電は、後から説明します低濃縮ウランを原子燃料として用い、冷却水と減速材は軽水、すなわち、普通の水を用いる軽水炉と呼ばれるタイプの原子炉です。軽水炉には、蒸気を原子炉内で直接発生させる**図2-2**に示す沸騰水型炉（ＢＷＲ）と、炉心は高温高圧水で冷却して蒸気発生器という熱交換器を介して蒸気をつくる**図2-3**に示す加圧水型炉（ＰＷＲ）の二種類があります。福島第一原子力発電所は6基ともＢＷＲです。

核分裂でどのようにして熱が発生するのでしょうか？

図2-4に示しますが、ウラン235は中性子を吸収して二つの原子核に分裂します。核分裂により生まれた二つの原子核を核分裂生成物と呼びます。また、核分裂の際には2～3個の中性子が発生します。その内の一つの中性子はウラン235に吸収されて核分裂反応の持続に寄与します。残りの中性子はウラン238や構造材、減速材、制御棒などに吸収されます。
古典力学（ニュートン力学）では、質量の保存とエネルギーの保存は異なるものとして扱われ

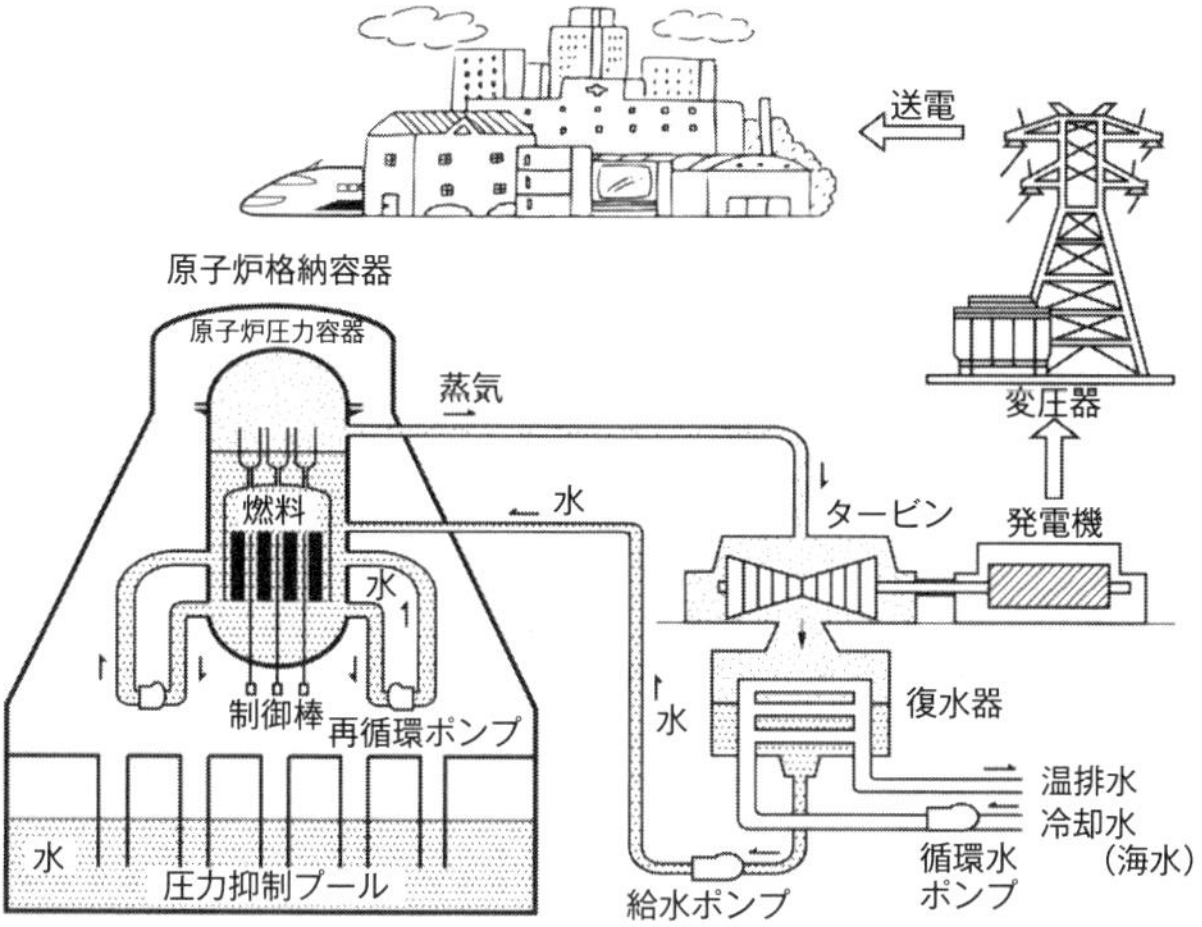

出典：資源エネルギー庁「原子力 2005」

図 2-2　沸騰水型炉（BWR）原子力発電のしくみ

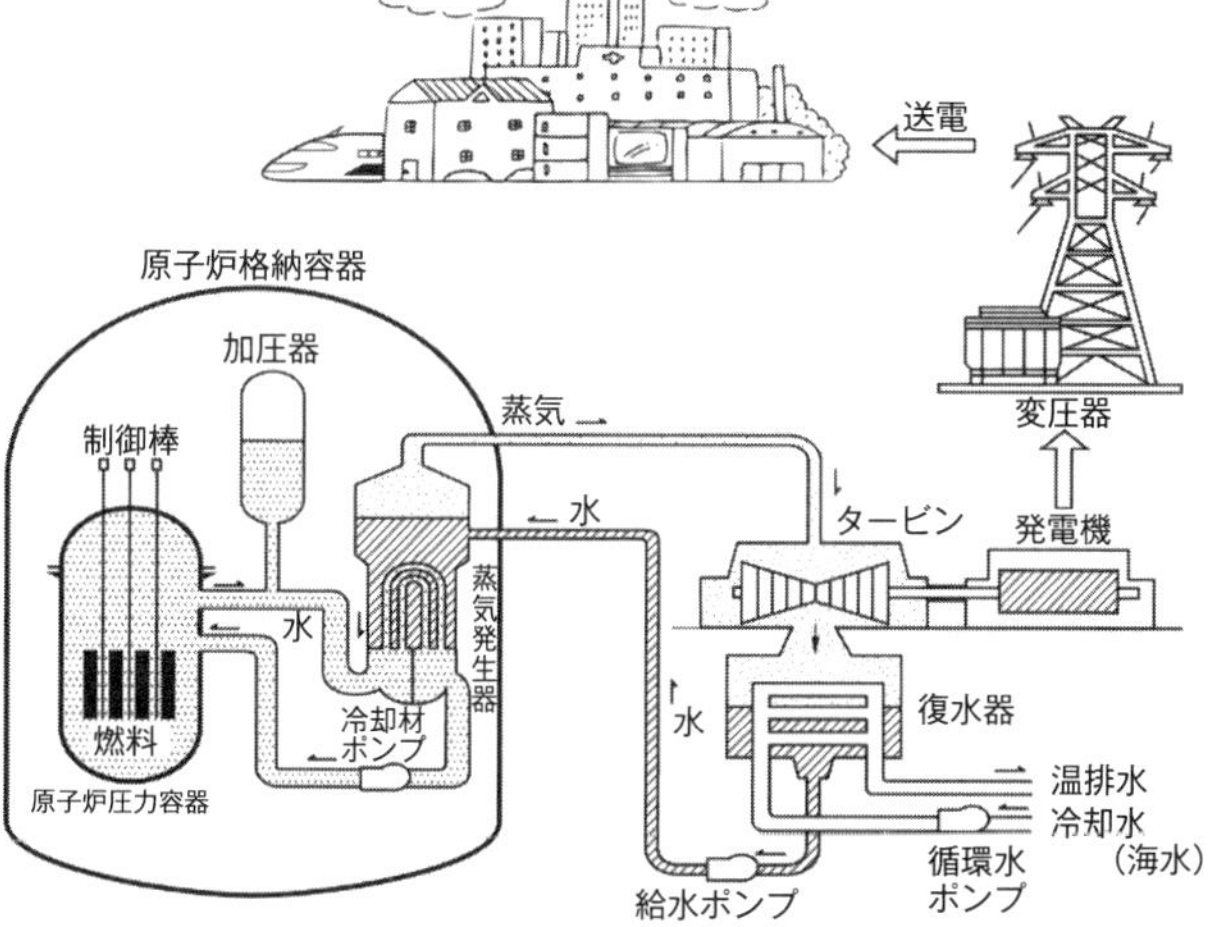

出典：資源エネルギー庁「原子力 2005」

図 2-3　加圧水型炉（PWR）原子力発電のしくみ

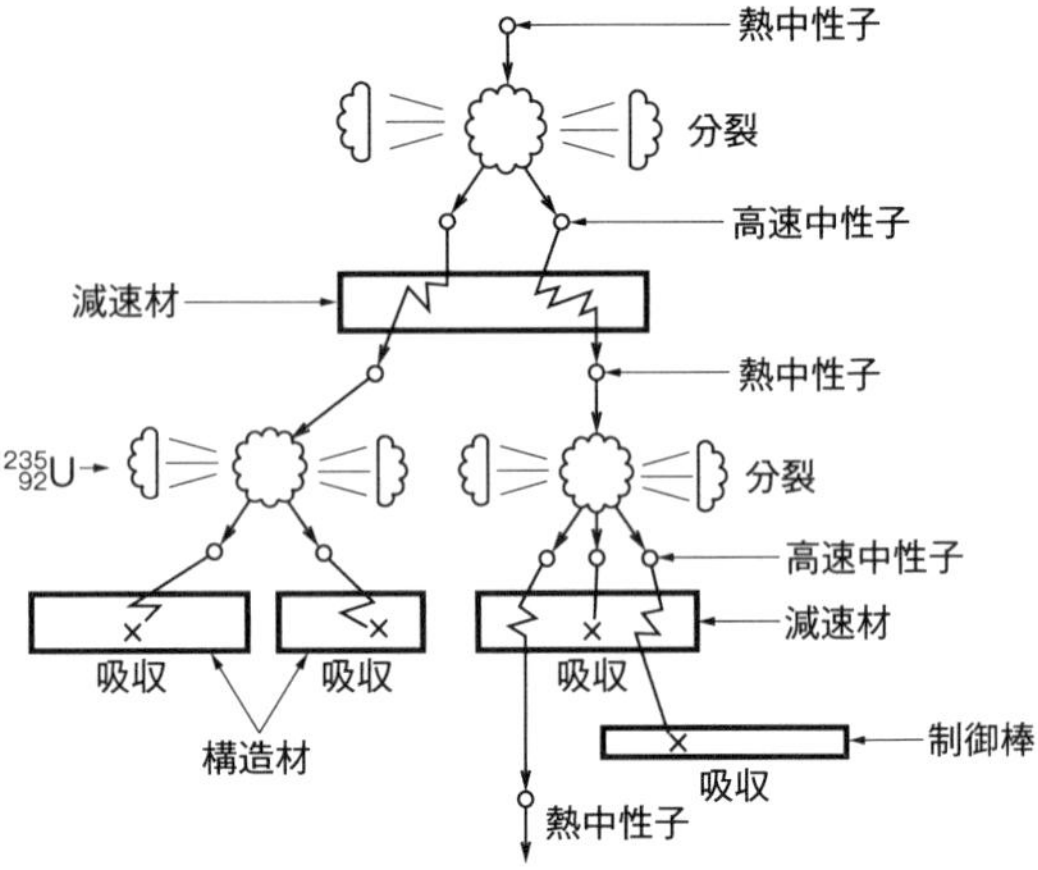

図 2-4　原子炉の中の連鎖反応

てきました。ところがアインシュタインは、エネルギーと質量について $E = mc^2$ という関係を見出しました。ここで、E はエネルギー、m は質量、c は光速です。

我々が手にするものは2つに切っても、その前後の全体の重さは変わりません。ところが、2つの核分裂生成物と発生する中性子の質量の和は、ウラン235と吸収した中性子の質量の和より少なくなります。この核分裂により質量が減少した分が、アインシュタインの発見した法則に従って核分裂エネルギーとなるのです。

では、この核分裂エネルギーはどのような形になるのでしょうか？　それは主に核分裂生成物の運動エネルギーとなります。この高速で運動する核分裂生成物は、燃料の内では自由に飛び回れないため、衝突して摩擦により運動エネルギーが熱エネルギーに変わり、発熱するのです。発生した熱は、燃料被覆管を介して冷却材に伝熱されます。

核分裂炉の特徴

軽水炉のような核分裂炉は、炉心内でウラン235が核分裂反応により消費されるのと同時に、余剰な中性子の一部が、核分裂連鎖反応を起こさないウラン238に吸収され、新たにプルトニウム239という核分裂連鎖反応を生じる核分裂性物質を作ります。プルトニウム239は原子爆弾の材料になりますが、平和利用するなら貴重なエネルギー資源です。

わが国は1950年代に原子力に取り組んで以来、一貫して原子力の平和利用に徹する姿勢で取り組んできました。また、原子炉で生み出される核分裂エネルギーは、化石燃料を燃焼させて生み出される熱エネルギーに比べて発生する密度が非常に高いことに特徴があります。このため、エネルギー資源の乏しいわが国では、エネルギー資源の備蓄として適しています。

2.2 原子炉の基本構造

商業用原子力発電所の原子炉の構造はどうなっているのでしょうか？　基本的にはBWRもPWRも同じです。

原子燃料

初めに原子燃料を説明します。ウラン235、プルトニウム239やウラン233のように核分裂を起こし、その連鎖反応を持続できる物質を核分裂性物質といいます。一方、その物質自身は核分裂連鎖反応しませんが、ウラン238やトリウム232のように中性子を吸収してプルトニウム239やウラン233のような核分裂性物質にかわる物質があります。このような物質を親物質と呼びます。天然ウラン中に含まれるウラン235はわずかに約0・7%です。残りの99・3%は核分裂を起こしにくいウラン238です。

　わが国の商業用の原子力発電所では、ウラン235を

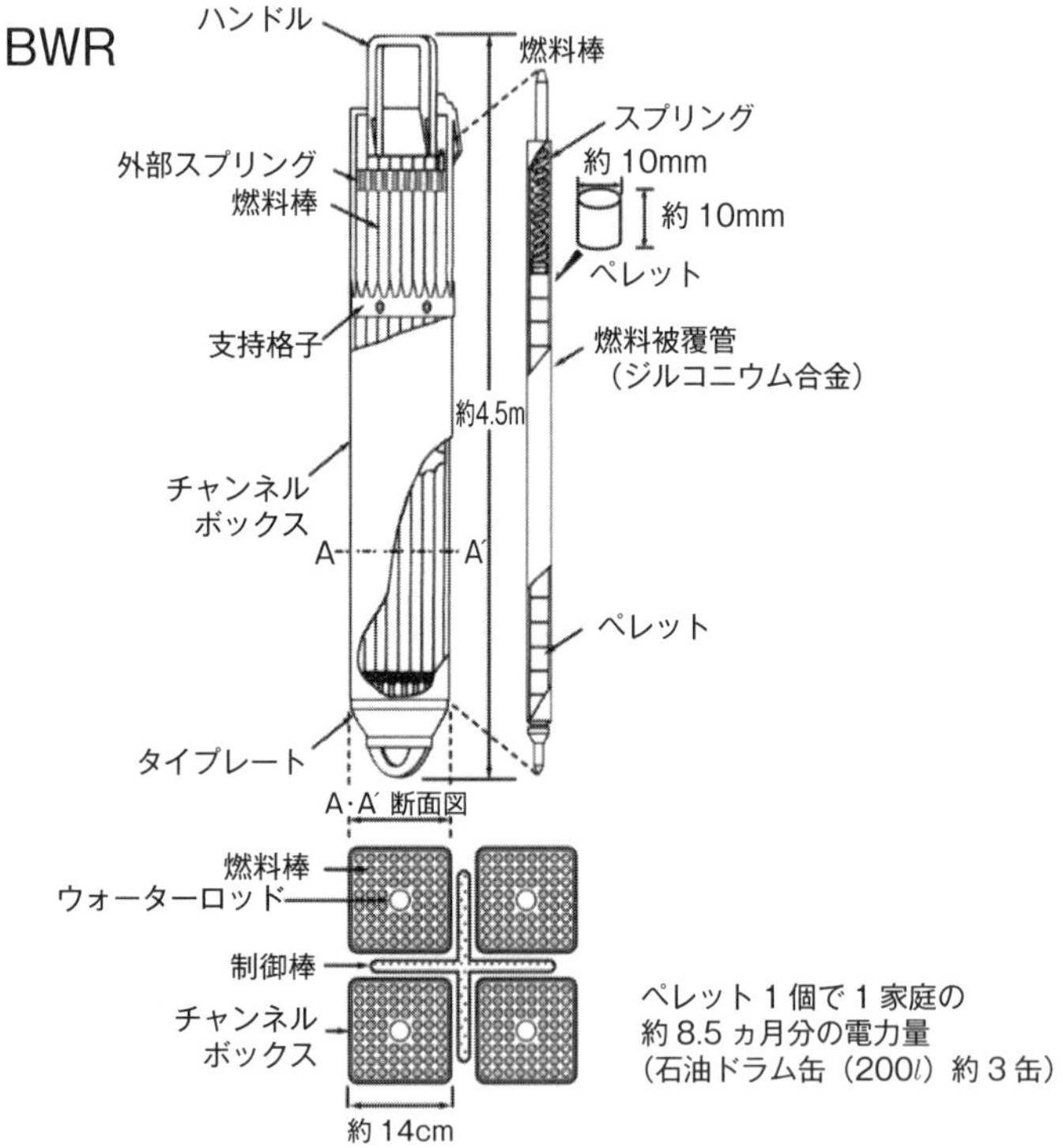

図 2-5　燃料集合体の構造（出典：資源エネルギー庁「原子力2005」他）

2・5から4・5%に濃縮した低濃縮ウランを原子燃料として用いています。

燃料は、**図2-5**に示すような直径約10㎜、長さ約10㎜の二酸化ウランのペレットです。そのペレットが中性子を吸収しないジルコニウムの合金（ジルカロイ）でできている円筒状の鞘の中に収納されて燃料棒となります。この円筒状の鞘を被覆管と呼びます。燃料棒は図2-5に示されるような、正方格子状に束ねられて、燃料集合体となり、炉心に収められます。

親物質であるウラン238は中性子を吸収し、電子を放出して核分裂性物質であるプルトニウム239に転換されます。なお、プルトニウム239は自然界には存在しません。

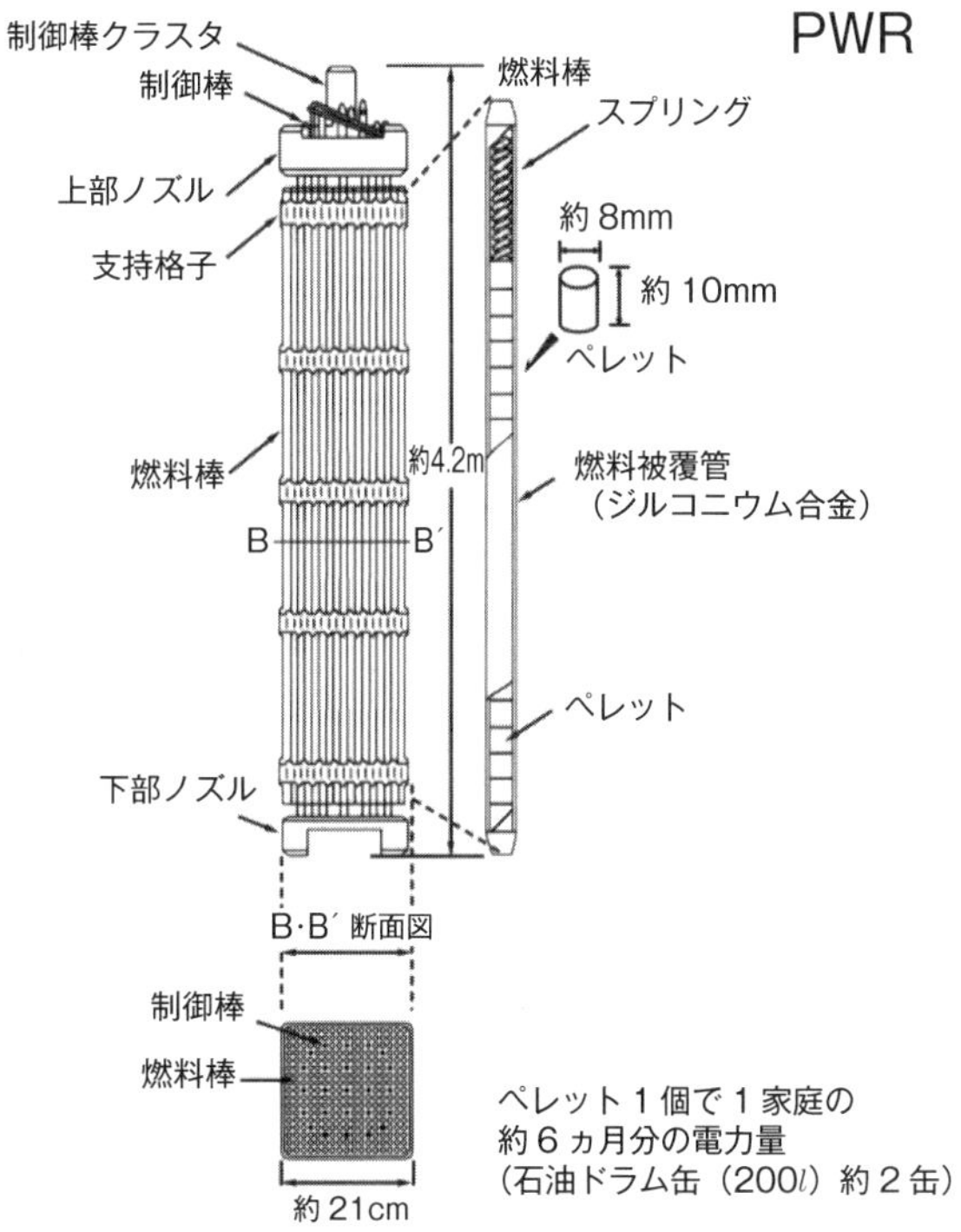

図 2-5 （続き）

減速材

次に、減速材について説明します。核分裂により発生する中性子は2 MeVという非常に高いエネルギーをもっています。エネルギーは中性子の飛び回る速度の二乗に比例しますので、この高いエネルギーをもった中性子を高速中性子と呼びます。ウラン235は中性子のエネルギーが低い、言い換えれば、速度が遅いほど中性子を吸収しやすく、核分裂しやすくなります。このために中性子のエネルギーを下げる必要があります。

中性子のエネルギーを下げることを減速するといい、減速するための材料を減速材と呼びます。中性子の質量は小さいため、質量数（原子の重さを示しています）の小さい物質ほど減速効果は大きくなります。これはビリヤードを思い起こして下さい。打った球が相手の球、重さの同じ球の中心に当たると止まり、当たった球が同じ速度で運動します。しかし、壁のように質量が大きな物質に当った場合には球が跳ね返ってしまい、球の速度は遅くなりません。

一般に軽水（普通の水を重水と区別してこう呼びます）や重水（水の水素原子が重水素（原子核が陽子と中性子でできている水素）に置き換わったものを言います、普通の水よりも少し重くなっています）、黒鉛が減速材として用いられますが、商業用発電炉では軽水を用いています。中性子と水の水素原子がほぼ同じ質量だからです。

中性子のエネルギーを0.025 eV、すなわち、8桁程度小さい値にまで減速します。この減速された中性子を熱中性子と呼びます。

冷却材

炉心で発生した熱エネルギーを外部へ取り出すため、冷却材が使用されます。冷却材としては、熱伝達の特性がよく、中性子の吸収が少なく、放射線に対して安定な物質が適しています。軽水、重水、炭酸ガス、ヘリウムガス、液体ナトリウムなどが用いられますが、商業用原子炉では軽水を用いています。

図2-1に示すように、炉心で発生した熱を受け取った冷却材は蒸気となってタービンを回転させ、発電します。発電した後、蒸気は復水器によって凝縮されて水に戻され、給水として原子炉あるいは蒸気発生器に戻されます。

一般に、このように発電に用いる系統、機器類を総称して「常用系」といいます。また炉心に何か不具合があったとき、主に原子炉に送る冷却材が足りなくなるような場合、非常用炉心冷却系が用いられます（「非常系」と略します）。非常系は通常の交流電源とは別に非常用の電源をもっています。この非常用の電源は一般にディーゼル発電機が用いられています。

本書では、通常の発電に用いる系統、機器類そのものではありませんが、今回の事故を説明する際「常用系」の代表として非常用復水器（Isolation Condenser：IC）、隔離時冷却系（Reactor Core Isolation Cooling：RCIC）、「非常系」の代表として高圧注水系（High Pressure Core Injection：HPCI）が頻繁に使われます。その意味は「用語のひとくちメモ7、8、9、10」をご覧ください。

制御棒

制御棒は、原子炉内の中性子を吸収する特性を利用し、中性子が原子燃料に吸収される割合、すなわち、核分裂反応を制御する機能をもちます。制御材としては、中性子の吸収の大きい物質であるカドミウム（Cd）、ホウ素（B）、ハフニウム（Hf）、またはこれらの合金などが用いられます。制御棒により、核分裂反応によって放出される中性子の内の1個だけが、次の核分裂を起こすことに寄与させることにより、核分裂反応の起こる割合を増加も減少もさせずに、一定の割合を持続することができます。このような状態を臨界状態と呼びます。

原子炉を緊急に止める必要があるような場合には、制御棒を数秒程度で炉内に挿入して、すべての核分裂反応を止めることができます。用語のひとくちメモで後述しますが、このことを制御棒による「スクラム」といいます。

原子炉圧力容器

原子炉圧力容器は、炉心を収める鋼製容器で内部の圧力を保持し、原子燃料や核分裂生成物等の放射性物質を閉じ込める機能をもちます。商業用原子炉では鋼製の圧力容器が用いられていますが、冷却材と接する内面は、腐食を防止するために、ステンレス鋼が内貼りされています。原子炉圧力容器は主要な一次冷却設備と一緒に、原子炉冷却材圧力バウンダリーを形成し、事故時に発生した放射性物質を閉じ込める重要な役割をもっています。

用語のひとくちメモ　その1

スクラムについて

原子炉を緊急に止める必要があるような場合，制御棒を数秒程度で炉内に全て挿入することにより，核分裂反応を止めることができます。このことを制御棒による「スクラム」といい，原子力発電所の安全確保の中でも最も重要な機能の一つです。「スクラムの機能確認」は定期検査の中の最重要検査の一つです。

ところで，どこかで聞いたことがあるような「スクラム」という言葉の語源は，筆者の知る範囲ではエンリコフェルミ博士の初期の臨界実験装置 CP-1（シカゴパイル-1；黒鉛炉）には停止用電動駆動制御棒のほかにバックアップとして安全棒があり，いざというときこの安全棒を固定しているロープを斧（AXE）で切り，安全棒を緊急に挿入することになっていたため，これを行う人「Safety Control Rod Axe Man（安全棒を斧で切る人）」の頭文字を取って SCRAM と言われたと聞いています。

原子力学会誌 1999 VOL. 41 NO. 9 談話室（河田東海夫氏）によれば実はそれ以外にも多くの説があるのだそうです。まず“Scram”にはスラングで「逃げろ」「出て行け」という意味があり，さらにラグビーのスクラムとイメージが違和感なく受け入れられそうです。そのほか米国オークリッジの黒鉛炉 X-10 では“Sudden Control Rod Activating Mechanism（緊急制御棒起動機構）”の略であるとの説があるそうです。原子力開発の本当の初期から重要とされているこの言葉には，その他いくつかの言い伝えがあるそうで，興味をもたれた方は少し古いですが河田氏の資料を参照いただければと思います。

原子炉格納容器

原子炉格納容器は、原子炉圧力容器と主要な原子炉冷却設備およびその関連設備を収納する容器で、放射性物質を閉じ込める設備が損傷した場合、例えば、冷却配管が破損した場合に、放射性物質を閉じ込める壁となります。鋼製あるいは内面を鋼板で内張りした鉄筋コンクリート製のものがあります。

原子炉建屋

原子炉建屋は、原子炉に内蔵している原子燃料や放射性物質を閉じ込める最終の砦であり、原子炉格納容器、使用済燃料プールや安全設備等が収納されています。

可燃性ガス濃度制御系

燃料棒の被覆管や沸騰水型炉の燃料集合体を囲むチャンネルボックスは、燃料を冷却しやすく、形状を安定に保つために重要ですが、ジルコニウム合金製であるため炉心が高温になると水や蒸気と反応して酸化します。その際に、水素ガスが発生しますので、水素爆発を防ぐために緩やかな酸化反応を用いて水素の濃度を下げる可燃性ガス濃度制御系という装置が取り付けられています。

2.3 沸騰水型炉の構造の特徴

沸騰水型炉の炉心の特徴

沸騰水型原子炉では、図2-5に示すように、燃料棒が8本×8本または9本×9本の正方格子状に配列された燃料集合体が用いられています。燃料集合体はジルコニウム合金製のチャンネルボックスと呼ばれる正方形の筒に収納されます。さらに、1本の制御棒を4つの燃料集合体で囲み、これを単位とするものが集められて円筒状の原子炉炉心が形成されます。制御棒は、炭化ボロン（B_4C）の粉末を充てんしたステンレス製の多数の細管を十字形に配列し、これをさらにステンレス製のさ

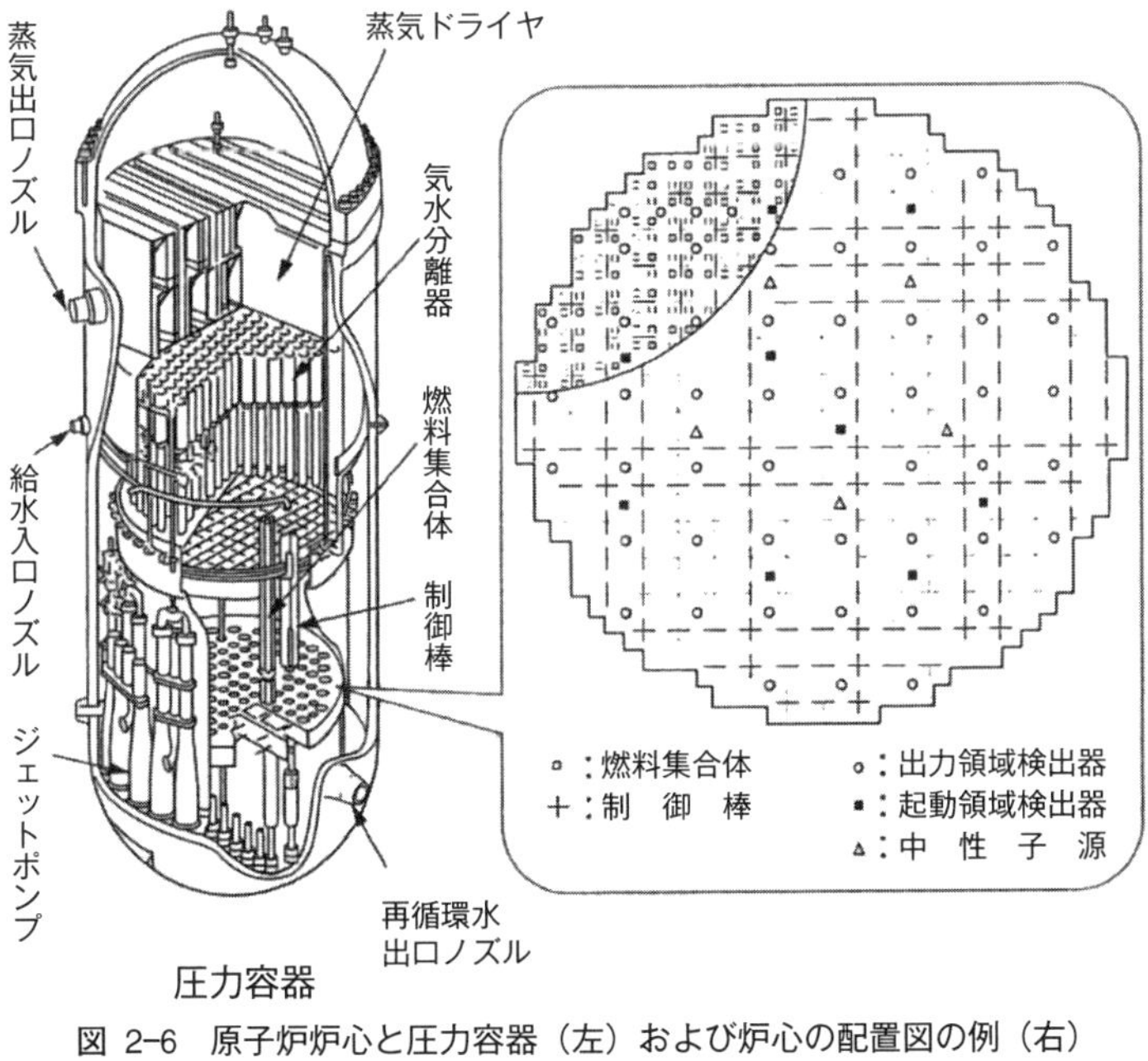

図 2-6　原子炉炉心と圧力容器（左）および炉心の配置図の例（右）

やで囲った構造のものが用いられています。

図2-6 は、原子炉圧力容器に収納された炉心、および炉心の中の燃料集合体や制御棒の配置図の例を示します。BWRでは、約7Mpaの飽和蒸気を炉心で直接発生させます。

炉心の出口では、蒸気と水が混ざり合った二相流となりますので、炉心の上部には蒸気と水を分離するための気水分離器や蒸気に含まれている水分を除去するための蒸気乾燥器が取り付けられています。このため制御棒は炉心下部より操作されます。炉心の上部では中性子を減速する水の容量が沸騰のため減少するので、中性子の減速効果が弱くなり、下部から操作することにより出力分布の平坦化にも寄与します。

冷却材の循環の構造

一般のBWRでは、出力の如何を問わずに、冷却材を炉心内で循環させるために、二つの再循環ポンプを用いて外部循環ループを構成しています。一台の再循環ポンプからの冷却材を、10基のジェットポンプで駆動水としてノズルから噴出させることにより、ポンプからの水だけではなくノズルの周りの水をも巻き混んで炉心に流します。このため、外部循環ループを流れる冷却水は、炉心の流量の約3分の1になります。なお、今回の事故では全交流電源喪失のため、再循環ポンプは2台とも停止してしまいました。

用語のひとくちメモ その2

臨界と自発核分裂と中性子源

2011年11月，長期の冷却に入った2号機で，^{133}Xe(キセノン133)，^{135}Xe(キセノン135) のような，核分裂時に生成する比較的半減期の短い核種が検出され，「すわ臨界か」と話題になりました。この点を解説してみましょう。

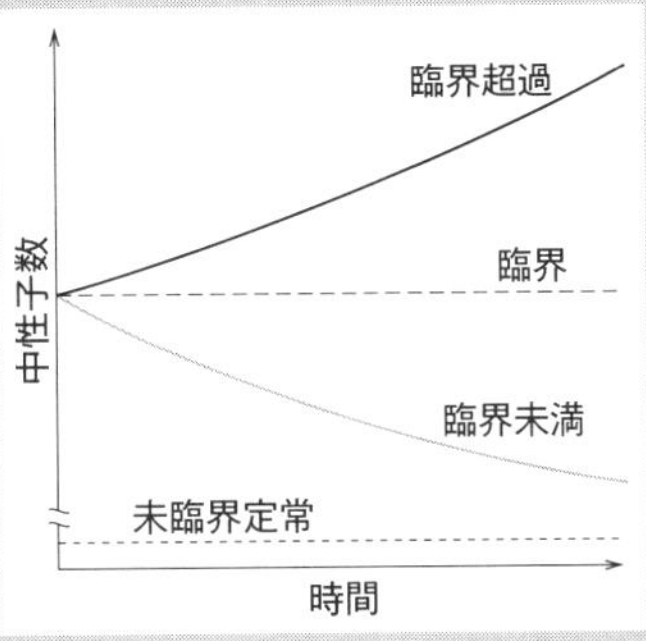

臨界とは，「2. 原子炉の基本構造」で示したように，核分裂反応が継続的に持続している状態で，中性子数は一定に保たれています。一方，中性子の数が増加する場合は臨界超過，減少する場合は臨界未満と言います。中性子の増加の割合が非常に大きくなると即発臨界（即発中性子のみで臨界となること）になり，原子炉を適切に制御することが難しくなります。

この現象はできるだけ避けなければなりません（反応度事故といいます)。このため，プラントの建設が終了して初めて原子炉を臨界にする場合（初臨界)，炉内に中性子が全くないため，この状態で運転を開始することは大変危険です。それは中性子計測系が中性子をカウントしないうちに中性子の増加率が著しく大きくなってしまい，原子炉の暴走に繋がる可能性があるからです。このため，あらかじめ中性子源を炉内に準備し，中性子の計測ができるようにしておくのです。

初臨界はじめ，運転開始して間もないプラントでは，中性子計測系が働いている状態を作るため中性子源を用いるのが普通です。

初期のプラントでは中性子源としてSb-Be（アンチモン-ベリリウム）を利用し，中性子を発生させていました。その後，自らが核分裂を起こす（自発核分裂）$^{252}_{98}$Cf(カリフォルニウム252）を中性子源として用いるようになりました（μg(=10^{-6}g）オーダーのCfを用いていました)。

中性子源があるこの状態を「未臨界定常」と言います。一方，運転期間が長くなると，燃料中に ${}^{242}_{96}\mathrm{Cm}$(キュリウム 242)，${}^{244}_{96}\mathrm{Cm}$(キュリウム 244) という自発核分裂を起こす核種が生成します。このような状況になると，特別な中性子源を用いることなく，中性子計測系は停止時にもカウントができるようになるのです。

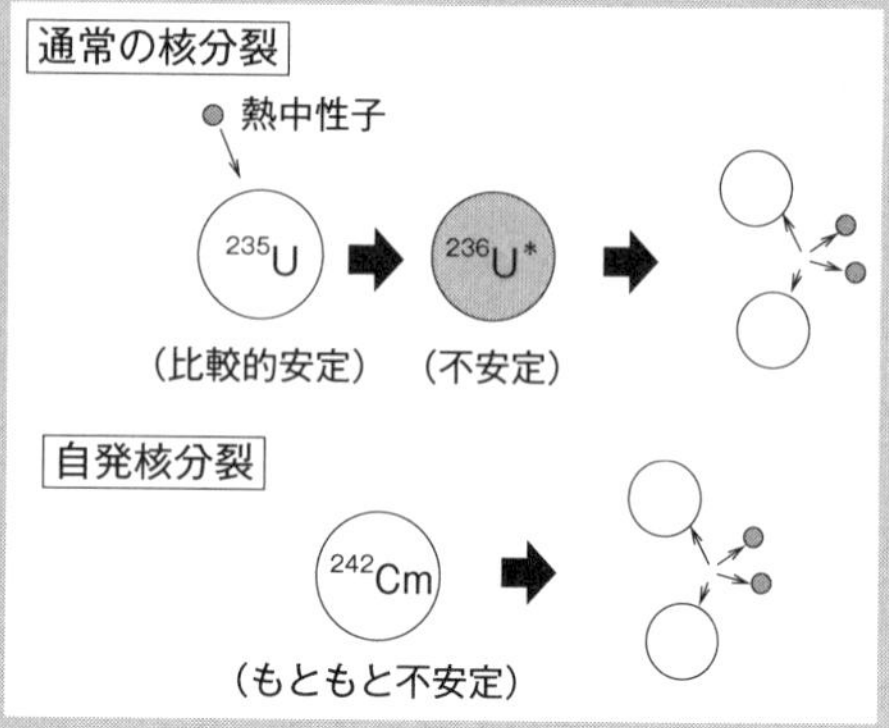

今回の ^{133}Xe，^{135}Xe は検出されたレベルが低いことなどから，この Cm の自発核分裂から生成したものと考えることができます。しかし，燃料が健全でなくても Cm が燃料中に存在することは明らかですから，計測系から Xe が検出される可能性は，事業者が事前に指摘しておくことが必要でした。

残留熱除去装置の構造

残留熱除去系は、原子炉停止後に炉心で発生する崩壊熱などの残留熱を除去する役割と、事故時の炉心冷却などが達成できるように、複数のポンプ、熱交換器、独立したループから構成されています。

弁の切り替え操作により、①炉心の残留熱を除去し、冷却材温度を100℃以下に冷却する停止時冷却モード、②原子炉を高温状態で隔離するために、炉心の崩壊熱により発生する蒸気を熱交換器に導き、凝縮させてポンプなどで原子炉圧力容器に戻す蒸気凝縮モード、③事故時に原子炉の水位を回復して燃料を冷却する低圧注水モードと、④事故時に原子炉格納容器内にスプレイすることにより、格納容器内の温度と圧力を低下させる原子炉格納容器スプレイモードが可能になります。

本残留熱除去系統も津波による浸水で、交流電源とともに海水による冷却の機能が全てなくなり、上記①~④のすべての機能が失われました。

2.4 加圧水型炉の構造の特徴

加圧水型原子炉（ＰＷＲ）は、原子力潜水艦の動力炉として開発され、その後、次第に大型化され、商業用原子炉に発展しました。

加圧水型炉の炉心の特徴

ＰＷＲでは、燃料棒が17本×17本の正方格子状に配列された燃料集合体が用いられています。制御棒としては、銀-インジウム-カドミウム合金をステンレス鋼で被覆したものが用いられます。炉心上部から燃料集合体内の制御棒案内管内を上下する構造となっています。一つの燃料集合体には24本の制御棒が上部を束ねられたクラスター状になって配置されており、24本の制御棒は同じように動きます。

燃焼に伴う反応度の減少などの緩やかな変化に対しては、ケミカルシム制御と呼ばれる一次冷却水中に加えられたホウ素の濃度を変えることにより制御できます。そのため、制御棒は原子炉の緊急停止や負荷変動のような早い反応度の変化にのみ対応すればよいのです。BWRでは、原子炉内の冷却水を沸騰させてタービンを回す構造なので、冷却水にホウ素を入れて核分裂反応を制御する方法は、通常運転中には用いることができません。

一次冷却系と二次冷却系

図2-3は、PWRの原理図です。炉心で冷却材（水）を液体のまま、より高温（300℃）にするために、炉心を丈夫な原子炉圧力容器に入れ、加圧器によって高圧（15.7 MPa）一定に保ちます。

炉心を冷却した高温高圧水を一次冷却材と呼びます。二次系冷却水は蒸気発生器で一次冷却水から熱を受け、約6 MPaの飽和蒸気となり、蒸気タービンに供給され、発電します。一次冷却設備は蒸気発生器と一次冷却材ポンプから構成され、ループを形成します。

ループ数を2、3と4にすることにより、同一設計の機器を用いてプラントの電気出力を550, 800, 1100 MWと変えることができます。蒸気発生器は、逆U字管の伝熱管内を高温高圧の一次冷却水が流れ、伝熱管の外側の二次冷却水を蒸発させます。

プラント停止後も炉心で発生する崩壊熱を除去するために、冷却器とポンプから構成される余熱除去装置も一次冷却設備に接続されています。

2.5 改良型軽水炉の構造

安全性と信頼性の更なる向上、稼働率の向上と被ばく量の低減および運転性能の向上などを目指した改良型軽水炉が開発されています。

その一つは、改良沸騰水型炉（ABWR）です。原子炉圧力容器底部に直接組み込んだインターナルポンプを採用し、外部循環ループを削除しています。このことにより、外部循環ループの配管破断事故を無くすとともに、保守点検時の作業員の被ばくを削減させています。これは柏崎刈羽原子力発電所の6、7号機として採用されました。さらに、この型式の原子炉は、他の発電所でも運転や建設が行われています。

一方、従来の加圧水型原子炉に比べて原子炉圧力容器内の冷却水量を増やし、燃料集合体を19本×19本の正方格子配列が採用される改良加圧水型炉（APWR）は、設計が完了し、日本原子力発電㈱の敦賀発電所の3、4号機等に建設する計画が持ち上がっております。

3 編

福島第一原発事故はどう評価するべきなのか

2編で原子力発電の役割や原子力発電所の仕組みに関して説明しました。しかし1編の事故の進展や、その時の判断等を考える際には、それだけでは十分ではありません。原子力発電に特有の安全について理解しておく必要があります。

3編では、原子力発電の安全について設計段階、運用段階で考えていること、さらにそれを超えるような事象にどのように対処しようとしているかを整理して述べています。また原子力発電の安全を考えるとき特に重要な、深層防護という考え方の解説をしています。

本編で述べるように設計を超えた深層防護の具体的実践については、趣旨を十分理解し、今後の教訓として生かしてほしいと思います。

また設計を超えた深層防護では、シビアアクシデントとアクシデントマネジメントという聞きなれない重要な用語が出てきます。本当の専門用語ですが、ぜひ皆さんにこのような考え方に触れてみてほしいと思います。今回の事故は、ここまで理解しないと正しい判断ができないのではないかと考えています。単に「安全神話があり設計を超えることは何も考えていなかった」ということから一歩先に進んで、読者のみなさんにも一緒になぜこのような事故に発展してしまったのか考えてほしいのです。このような考え方に立って、本編では今回の事故の内容を一歩踏み込んで、評価してみます。

1章　原子力発電における安全と事故

まずは原子力発電における安全性の考え方、そして事故の考え方に関して説明します。

1.1 原子力発電の安全性

原子力発電の安全性とは、どのようなことをいうのでしょうか？

原子力発電の安全性は、一般の工場や交通事故における安全とは少し違った観点を言います。一般の工場や交通事故で起こる怪我、または死亡事故、火災というのは、原子力発電所に限って起こることではありません。もちろん、原子力発電所も一般の工場や交通事故で起きる起きるような事故を防ぐという意味の「安全を確保する、守る」といったことは当然行われていますし、一般社会と同様に厳格に実施されています。

では、原子力発電所でいう安全性とは何を言うのでしょうか？実は原子力発電所に特有の放射線による人体に与える影響に関する安全性を言います。このためにはどのようなことが考えられ、行われているのかを少し考えてみましょう。

原子炉の安全機能は、「止める」、「冷やす」と「閉じ込める」から構成されています。

「止める」とは?

「止める」とは、制御棒を挿入して核分裂連鎖反応を停止させることです。

地震などで、万一制御棒が挿入できない場合を想定して、熱中性子を補足する性質をもっているホウ素をホウ酸水として注入する系統をバックアップとして備えています。また、原子炉自身に何らかの原因で核分裂反応が増大し、出力が増加して冷却材の温度が上昇した場合に対しても、燃料の温度上昇にともなって^{238}U(ウラン238)による減速過程の高速中性子の吸収が増加し(ドップラー効果といいます〃用語のひとくちメモ　その3〃参照)、あるいは、BWRでは冷却材である水の沸騰が激しくなり、減速材の割合が低下することにより高速中性子が減速されにくくなって、熱中性子が^{235}U(ウラン235)に吸収される割合が少なくなる現象(ボイド効果)などが生じます。その結果、核分裂反応が減り、安定的に制御されて、原子炉が暴走することを防止しております。このような原子炉内の特有の働きを自然の特性、すなわち個有の安全性といいます。

また、止める機能が働かない場合、核分裂反応は続いているのですから、「冷やす」と「閉じ

用語のひとくちメモ　その3

ドップラー効果

ここで言っているドップラー効果とは，よく言われる「救急車が近づいてくる時にはサイレンの音が高く聞こえる」というものではありません。

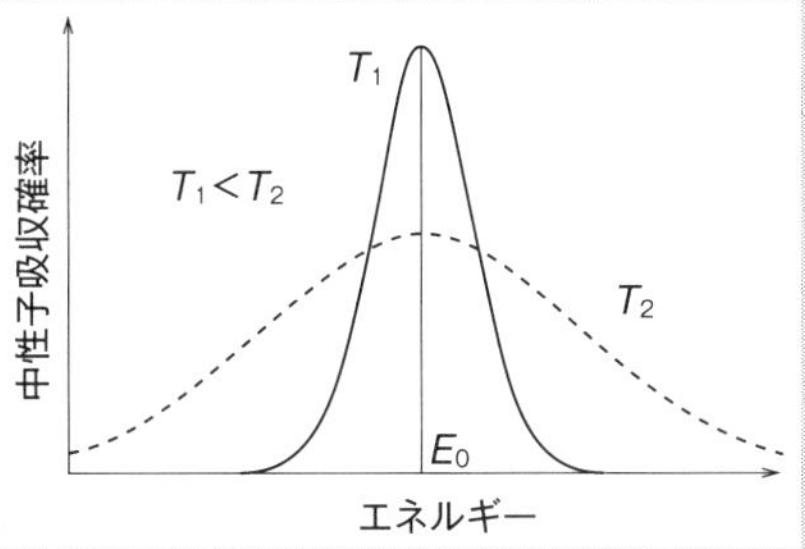

減速過程の中性子を ^{238}U が吸収する確率を右図に示します。温度が高くなると吸収確率のピークは破線のように下がりますが，幅が広がります。温度 T_1 のとき（実線）の吸収より，温度 T_2（$T_1<T_2$）のとき（破線）の方がエネルギー E_0 の周りの吸収確率は大きくなります。これをドップラー効果と言います。

いずれも救急車と救急車のサイレンの音を聞いている人，ウランの振動（温度に依存します）と中性子の速度の相対速度に依存する現象なのでドップラー効果という同じ言葉が用いられます。

込める」（両方ともこの後に解説します）の機能についても、それを確保するのは大変難しくなることがお分かり頂けるでしょう。

「冷やす」とは?

核分裂反応で生まれる核分裂生成物は、自然界に存在する安定な物質ではなく、放射線と熱（崩壊熱）を放出しながら安定な物質へ変化していきます。

「冷やす」とは、核分裂連鎖反応が停止した後にも発生する崩壊熱を除去する機能を意味し、残留熱除去系や非常用炉心冷却系等が備え付けられています。

非常用炉心冷却系は、沸騰水型

炉の場合には高圧炉心スプレイ系（福島第一の1～3号機は高圧注入系）、自動減圧系、低圧炉心スプレイ系、低圧注入系から構成されています。これらは比較的短期間の燃料の冷却を意味しますが長期間の冷却は残留熱除去系で行われ、補助機器（補機とよばれます）の冷却系も含めて循環する冷却水の最終的な熱の放出先、すなわち最終ヒートシンクは熱交換器を介した海水です。

原子炉での発電が停止した場合には、この崩壊熱を除去するために先ほど示した短期・長期の冷却システムのどれかを働かせなければならないので、原子力発電所の外部から電源（外部交流電源といいます。他の発電所で作った電気のことです）を供給する必要があります。外部交流電源に不具合が生じた場合に作動する非常用ディーゼル発電機と非常用バッテリーが装備され、「冷やす」を目的とした計測機器や安全設備の作動を確実のものにする設計となっています。

「閉じ込める」とは？

原子炉内には、核燃料や核分裂生成物等の大量の放射性物質を内蔵しています。原子燃料や燃焼の結果生じる核分裂生成物等の放射性物質は、**図3-1**に示すようにペレット、被覆管、原子炉圧力容器を含む炉心冷却水の循環系等（冷却材圧力バウンダリー）、原子炉格納容器、気密性の高い原子炉建屋といった五重の防壁で覆われています。これを原子力発電所の多重防壁といいます。

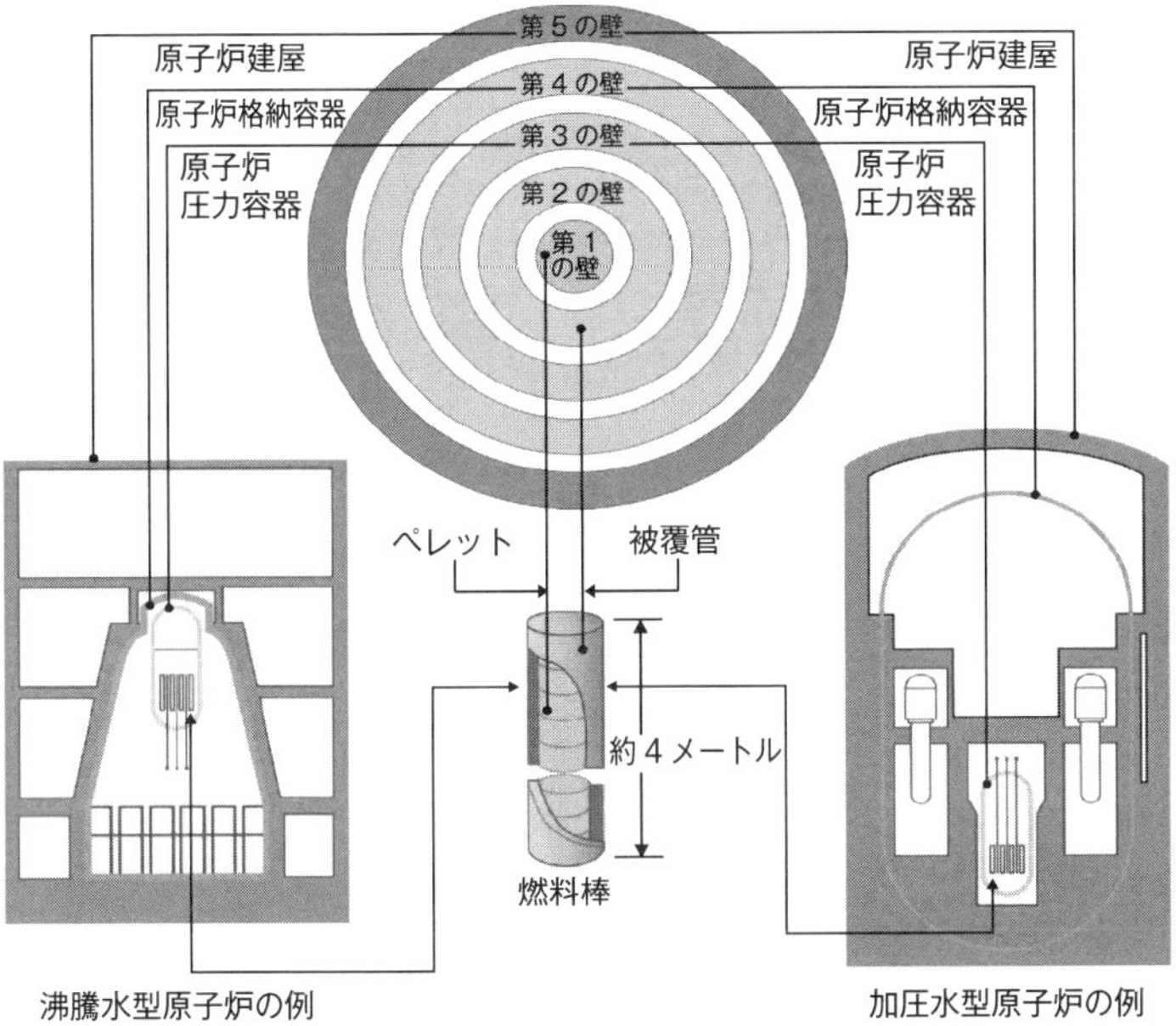

図 3-1　原子炉を閉じ込める五重の壁（口絵参照）

ではこのような「閉じ込め」は防壁だけ準備しておけばいいのでしょうか？

実は防壁が十分機能するためには防壁機能を守るものが必要です。例えば、ペレット、被覆管においては「止める」、「冷やす」ための設備、つまり制御棒や残留熱除去系、非常用炉心冷却系等がペレット、被覆管の温度を過度に上げないように適切に働くので、防壁機能を守ることができます。また、原子炉格納容器は、内圧上昇による破壊を防止するために格納容器内に放出される蒸気を凝縮できる機能を備えております。例えば、沸騰水型炉では、圧力抑制室の水に原子炉内の蒸気を導き、凝縮することにより、格納容器内の圧力の増加を抑制します。

圧力抑制室の水は残留熱除去系で冷却され、炉心内で発生した蒸気も凝縮できます。このように「止める」、「冷やす」、「閉じ込める」防壁には、その機能を守る設備やシステムが備えられているのです。

再度「止める」「冷やす」「閉じ込める」について

以上の説明から言えることは、安全の原則三つのうち「止める」、「冷やす」、「閉じ込める」の順に重要であるということです。

核分裂反応は長期に「止め」られなければ当然長期にわたって原子炉を冷やすことは困難になりますし、「冷やす」ことに失敗すれば放射性物質を「閉じ込める」ことは不可能になります。このことは今回の福島第一の事故を通じ一層明確になりました。決してこの三つの原則は対等に並んでいるわけではないのです。

深層防護とは?

正常な運転時はもとより、異常事象の発生下においても放射性物質が外部へ漏れることを回避するため、設計においては深層防護(多重防護ということもあります。)という概念が導入されており、**図3-2**に示すような原子力発電所の安全対策が講じられています。

誤操作の発生防止のためのインターロックや誤操作をしても安全側に作動するようなフェイルセーフを導入した余裕のある安全設計により、異常事象の発生が防止できます。そして仮に、故障や運転ミスが発生した場合でも、異常を早期に検出する装置が組み込まれることにより、原子炉を自動的に停

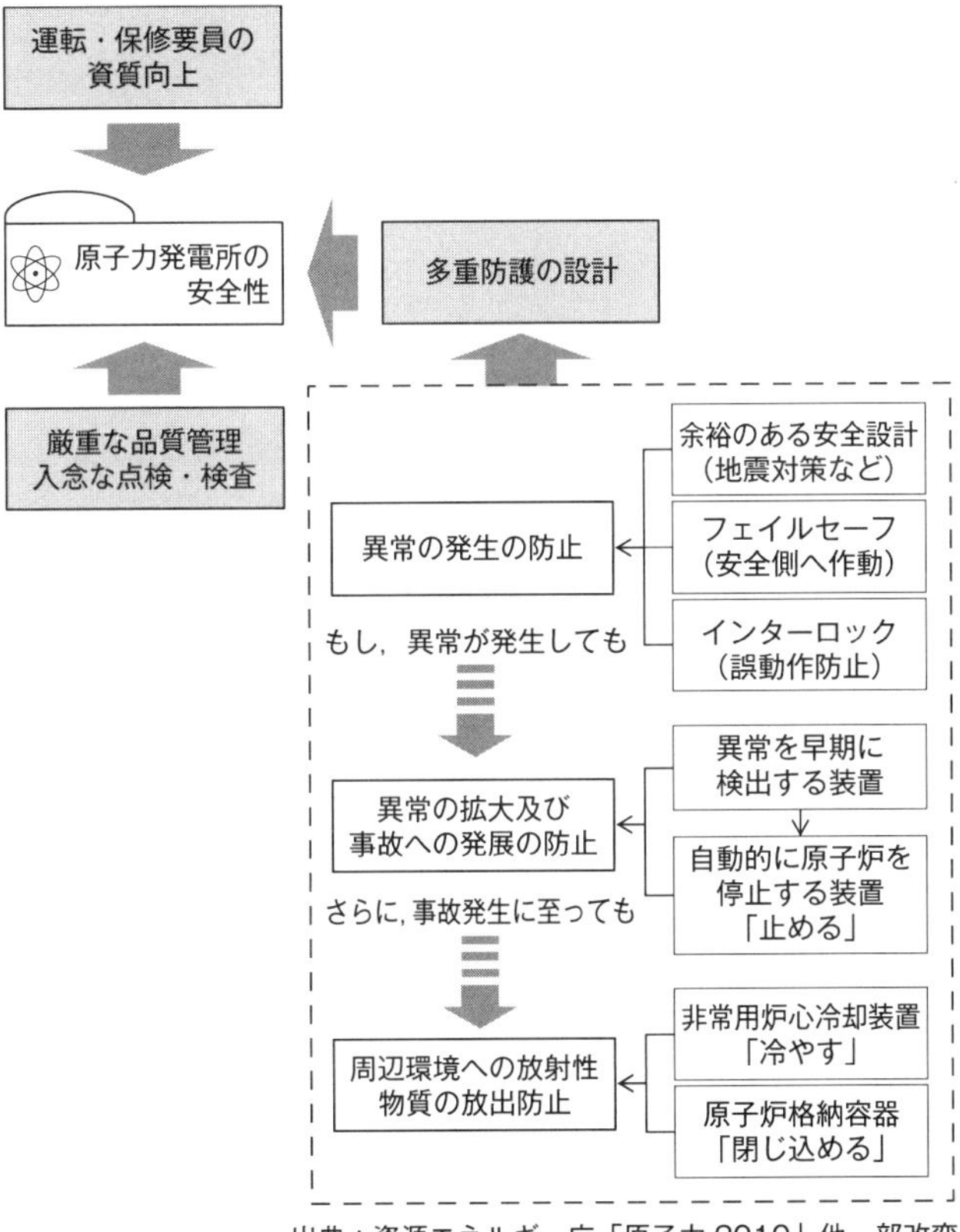

出典：資源エネルギー庁「原子力 2010」他一部改変

図 3-2　安全確保のしくみ

止させる装置が働くほか、一つの重要な装置が機能しない場合にもこれを補完する他の装置が働くことにより事故の進展を防ぎます。

万一、異常事象が進展して事故となった場合でも、原子炉内の水の減少に対しては緊急に炉心を冷却することができる非常用炉心冷却装置を、放射性物質の系外への放出を防止するために原子炉格納容器、原子炉建屋を備えています。

原子力発電所の安全性の確保は、単に設計段階のみだけではなく、計画・製造・据付段階における品質保証や運転、保守・点検などあらゆる段階の努力により達成されています。

深層防護に内在する二つの前提

いま述べた深層防護には、単に防護の層が複数あるというよりもっと深い意味があります。「防護の各層の中でそれぞれ最善を尽くす努力をしなさい」ということと「前段否定(前の層が十分機能しないことをあらかじめ仮定して考えておきなさい)」という考え方です。先に述べた「多重障壁」との大きな違いもここにあります。

多重障壁では障壁そのものを設計で作り上げること(設置すること)に重点が置かれ、障壁全体としての機能が十分満足されればよいということになりがちです(もちろん「各障壁そのものをきちんと作りなさい、障壁を守るものの設置も同じですよ」ということではあるのですが)。

各層の中で最善を尽くすということから単なる多重性(同じ系統を複数もつ)のみならず、多様性（同じ機能を違った原理で実現する）、独立性の確保を強く要求されるのです。さらに特徴的な前提は、前の層が十分機能しないことを考えておきなさいということです。

この前段否定という考えも深層防護の大きな特徴です。例えば「異常な過渡変化」に抑える工夫は様々して完璧だとしても、必ず「事故」に至ることがあるとして事故を収束させる様々な対策を、全力を挙げて考えなさいと言っているのです。（佐藤一男氏著、「原子力安全の論理」を参照）

広い意味の深層防護

深層防護という考え方は、大変重要な考え方ですが、今回の福島第一の事故についいて検討を進める際には、前述の深層防護の

表 3-1　広い意味での深層防護における「深層」の意味

第一の層	施設を立地する地点では，異常や事故を誘発するような事象が少ない
第二の層	施設の設計・建設・運転において，事故の原因または発端となる異常な事象の発生の可能性が，極力低く抑えられている
第三の層	仮に事故の原因または発端となる異常な事象が発生しても，早期に検出して処理する事によって，潜在的危険が顕在化することを未然に防止する
第四の層	このような対策にも関わらず，異常が拡大して大きな事故になっても，その影響をできるだけ緩和するような設備上の対策を設計の段階から準備しておく
第五の層	さらに何らかの理由で事故が拡大し，これら設計で考えていた範囲を超えてしまった時でも，要員の知識と能力による臨機柔軟な行動が期待される
第六の層	施設の特性と周辺の自然的・社会的条件によって，施設と社会の相関を少なくする「離隔」の思想
第七の層	防災対策を整備する

注）通常の原子力発電所の設計では、上の第二・第三・第四の層を「（狭義の）深層防護の三つの層」として取り上げています。その関係を図 3-3 に示します。

定義では少し不十分なのです。そのため広い意味の深層防護を定義します。

広い意味での深層防護では、第一層の防護を、そもそも安全を損なうような外部事象が起きにくいところに原子力発電所を立地することにしています。

第二層の防護は、誤操作の発生防止のためのインターロックや誤操作をしても安全側に作動するようなフェイルセーフを導入した余裕のある安全設計により異常事象の発生を防止します。

第三層の防護は、仮に故障や運転ミスが発生した場合でも、異常を早期に検出する装置が組込まれることにより、原子炉を自動的に停止させる装置が働くほか、一つの重要な装置が機能しない場合にもこれを補完する他の装置が働くことにより事故への進展を防ぎます。

第四層の防護は、万一、異常事象が進展して事故となった場合でも、原子炉内の水の減少に対しては緊急に炉心を冷却し大量の燃料の破損を防止することができる非常用炉心冷却装置を、また燃料の破損が起こった場合でも放射性物質の系外への放出を防止するために、原子炉圧力容器と一次冷却材圧力バウンダリー、原子炉格納容器や気密性の高い原子炉建屋を備えて、外部への放射性物質の放出を最小限に抑えています。

第五層は、このような厳重な設計で考えている事象を超えるような場合が起きたときに取るべき対応策を定めることです。

第六層は、「施設の特性」と「周辺の自然社会的条件」の相関をできるだけ少なくすることで「離隔」を考えています。

第七層は、周辺社会の側で行われる防災対策が該当します。今回の福島の事故ではこの層の重要性が認識されました。

しかし通常原子力発電所の設計では、第二層から第四層までが中心となりますので、この三つを原子力発電所の設計の深層防護の第一層、第二層、第三層として用いることが普通です。

「狭義の深層防護」と「広義の深層防護」

少し混乱するかもしれませんが、**図3-3**のように本書では広い意味の深層防護を定義し、第一層から第五層を中心に議論を進めていきます。特に、設計で考えている事象を超えるような場合に取るべき対応策は、第五層が議論の中心になっていきます。

第六層の「離隔」とは聞きなれない言葉ですね。本編1.2の立地評価にも出てきますが、要するに「直接関係のない事柄を何かの面で結びつけて考え、両者の相関を理解

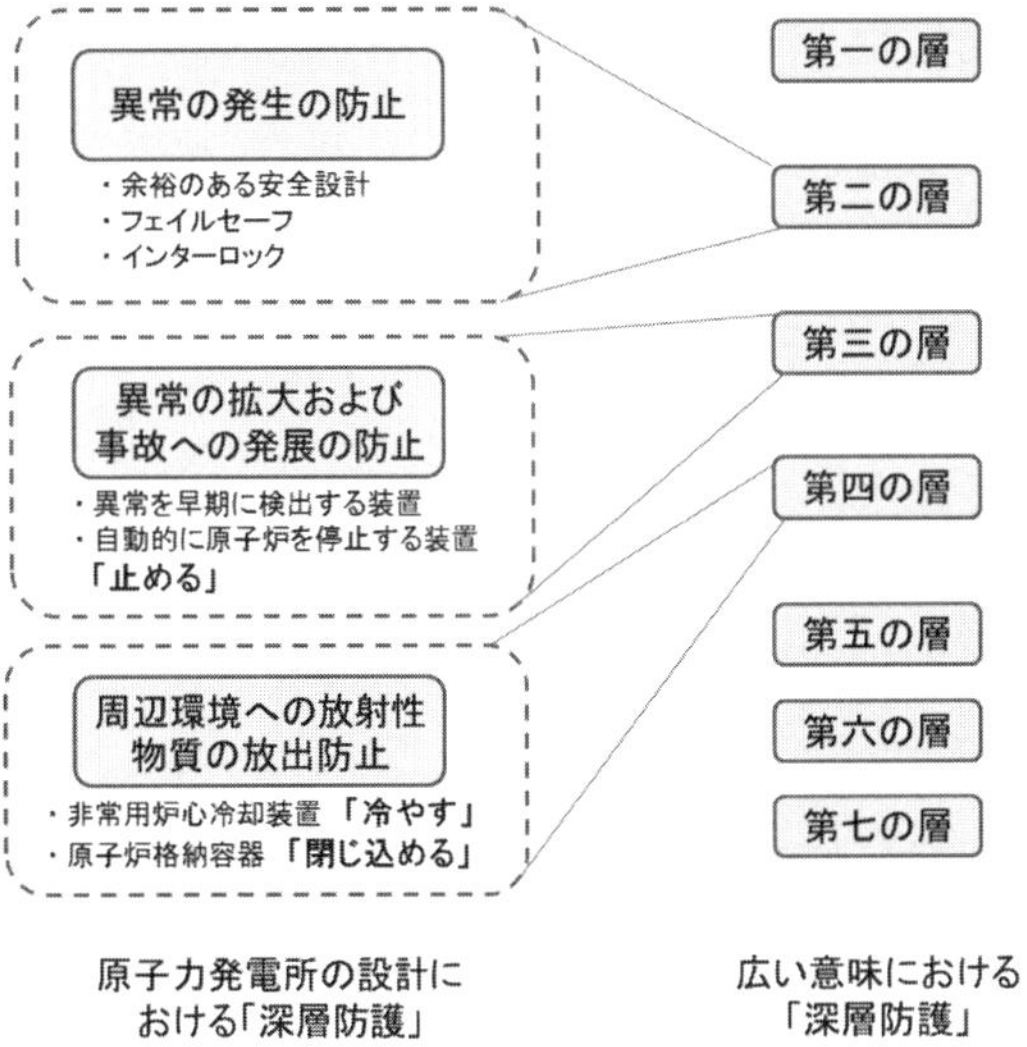

図 3-3　狭義の「深層防護」と広義の「深層防護」

してみる」ということなのです（〝用語のひとくちメモ　その4〟参照）。

したがって、原子力発電所の安全性の確保は、単にこの設計段階の深層防護の考え方（広い意味での第二層から第四層）のみだけではなく、製造・据付段階における品質保証や運転、保守・点検、設計の事象を超えた場合の対応策の準備など、あらゆる段階の努力により達成されます。

1.2 立地評価事故と設計基準事象

立地評価事故とは？

原子力発電所を建設する場所が適しているかどうかを評価することを、立地評価といいます。「原子炉立地審査指針」に基づき、原子炉の立地条件として適しているかどうか、言い換えれば、周辺公衆との十分な距離（これを離隔といいます）が確保されているかどうかを評価することが要求されています。その立地評価のための評価対象は、重大事故と仮想事故です。

重大事故と仮想事故とは？

技術的見地から、最悪の場合に起こる可能性のある事故を重大事故と定義し、重大事故の発生を仮定しても周辺の住民に放射線障害を与えないように設計することが求められます。沸騰水型原子炉の場合は、重大事故として原子炉冷却材喪失事故と主蒸気管破断事故が選定されています。加圧水型原子炉の場合は、重大事故として一次冷却材喪失事故と蒸気発生器伝熱管破損事故が選定されています。

さらに重大事故を超えるような、技術的見地からは起こるとは考えられない事故を仮想事故と定義し、仮想事故の発生を仮定しても、周辺の公衆に著しい放射線災害を与えないことが求められます。

沸騰水型原子炉の場合、仮想事故として重大事故と同様、原子炉冷却材喪失事故および主蒸気管破断事故が選定され、加圧水型原子炉の場合も、仮想事故として重大事故と同様、原子炉冷却材喪失事故及び蒸気発生器伝熱管破損事故が選定されています。違いはどちらの場合も重大事故では効果を期待した安全防護施設のいくつかが仮想事故では働かないと仮定し、評価を実施することです。

立地評価事故の特徴

立地評価の特徴は重大事故、仮想事故とも与えられた事故に対し放出放射能量を定め、被曝評価により「ある距離だけ離れている」ことを概念的に示す手法を取っていることです。これにより、周辺公衆との十分な距離（前述の離隔といいます）が確保されているか

用語のひとくちメモ　その4

離隔概念・・・広辞苑より

（哲学用語）類と種の関係もなく，同一概念に包摂もできない二つの概念の相互の関係を言う。例えば「徳」と「三角形」

ここでは広い意味の深層防護として，第六層では「施設の特性」と「周辺の自然社会的条件」の相関ができるだけ少ないことを示すことにより「離隔」を考えることを意味しています。

どうかを評価することになっています。ここで何度も出てきた「離隔」という言葉は普段聞きなれない言葉ですので、「用語のひとくちメモ　その4」に広辞苑のことばを引用して解説しています。参照してみて下さい。

設計基準事象とは？

しかし具体的なプラントの設計、評価にあたっては別な考え方を適用しています。ここでは設計基準事象という考え方が用いられております。この言葉は後ほど説明します。

「発電用軽水型原子炉施設の安全評価に関する審査指針」においては、原子炉施設の安全設計の基本方針の妥当性を確認することを目的として、そのために想定すべき事象、判断基準、解析に際して考慮すべき事項等が示されています。

まず運転時の異常な過渡変化（放射性物質の放出は想定されません、国の指針類ではトランジェントと書かれることがあります）としては、原子炉の運転中において、原子炉施設の寿命期間中に予想される機器の単一の故障、もしくは誤動作又は運転員の単一の誤動作、および、これらと類似の頻度で発生することが予想される外乱によって生ずる異常な状態に至る事象が対象とされます。

「運転時の異常な過渡変化を超える異常な状態が発生する頻度はまれですが、発生した場合は原子炉施設から放射性物質の放出の可能性があります。」

（原子力安全委員会指針集からの引用。引用文はゴシック体で示します。この後も同様です）

これを「事故」と呼びます。原子炉施設の安全性を評価する観点から想定する必要のある「運転時の異常な過渡変化」、「事故」で考える事象をまとめて設計基準事象と言います。設計基準事象は、実際にプラントに設置されている様々な設備、機器の動作の最も重要な機器の単一故障を仮定して安全性を評価しています。立地評価事故とは異なり、設計によっては「事故」であっても放射性物質の放出はないという評価になることがあります。

1.3 想定していなかった事象に対応するアクシデントマネジメント

通常、事故は運転中に発生しますので、そのようなとき原子力発電所の運転員の責任は非常に重く、そのときに備えて十分に責任をもった役割を果たすことのできるよう訓練等の準備をしています。

設計基準事象を超える状況では？

本編1.2で示した様々な工夫をして十分な安全性を確保している原子力発電所ですが、これらの工夫が十分発揮できないときどうするのか？という疑問が起きると思います。

例えば設計基準事象を超えてしまうような場合です。このような場合、あらかじめこれをすればいいと一通りに決めてはおけません。なぜかというと様々な工夫を潜り抜けた現象は、あらかじめ想像できない事象になっていることがあるからです。そのときでも何らかの工夫をしておくことが大切です。

先ほど述べた広い意味の深層防護は、実は次の第五層の深さに、想像できない事象に発展しても何とかして事態を収束させようという考え方です。それをアクシデントマネジメント（Accident Management：AM）といいます。

このような状態では予測できないプラントの状況、挙動に応じて対応していく必要があります。これを「徴候ベース」の対応といいます。現在あるシステムをフル活動し、場合によってはそのシステムのもつ設計上の余裕をも利用し、さらに若干の機能追加をすること、運転員のもつ様々な知識・知見に基づいて収束を達成する本当の非常時に用いる手順書です。

今後の原子力発電所の安全性をより高めるには、同じ原因で複数の機能が同時に喪失することを防ぐこと、AMの重要性を認識し一層の充実に努めることなどが重要であると考えています。設計基準事象を超えてしまうような場合、特定の事象に合わせてそれを防ぐ具体的な設備を設置する事は合理的ではないことが多いと考えられているのです。

実は第五層の後に、第六の層として離隔、第七の層として一般の防災等を中心とした（消防・

自衛隊・警察等）組織の重要性は今回の事故で明確になりましたが、原子力発電所の建設・設計・運転を中心に議論するため、ここでは省略します。

なお、第五の層は今後も本書の主要テーマになりますので、本編第2章以降で丁寧に説明していきます。

2章　原子力発電所のシビアアクシデントとアクシデントマネジメント

本編第1章では、原子力発電所の設計や運転に関する「運転時の異常な過渡変化」や「事故」すなわち設計基準事象について説明してきました。どんなことを言っているのか、考えているのか、おぼろげにわかってきたでしょうか？でも、福島第一原子力発電所で起きた事故を理解するには少し足りないのです。それはどんなことでしょうか。

よく原子力の「安全神話」という言葉がマスコミ等で使われますが、それはどういうことでしょうか。私はこの言葉の意味がよくわからないのですが、一般に「想定した事象についての対策は十分するがそれを超えた事象は起こらないとし、それ以上の思考を停止し（起こらないから全く考えない、起こったとしても想定外だから考える必要がないし、考えることがそもそも間違っている」ということでしょうか？本当にそのような思考停止が起きていたのでしょうか。

それは、これから説明する広い意味の深層防護の第五層を構成するシビアアクシデントとアクシデントマネジメントという内容を理解することから始まります。

第五層を構成するシビアアクシデント

シビアアクシデントとは、どのような考え方から出てきたのでしょう？

「運転時の異常な過渡変化」や「事故」で考えられた設計や評価に用いる判断基準は、簡単にいえば様々な対策や準備、手順によって、燃料はほとんど破損しない、原子炉圧力容器、原子炉格納容器はほとんど健全に保たれるように作られ、評価してみるとやはりそうでした、というものです。完璧に論理が構築されているように思います。でも人間が作ったものに完璧、完全などあるのでしょうか？完璧でないときどうしたらいいのでしょうか。

確率論を用いた安全評価

実は、このことは1970年代半ばから少しずつ議論されてきたのです。議論の発端はWASH-1400、ラスムッセン報告（確率論を用いた安全評価）で初めて原子力発電所のリスクを評価するという手法が用いられました。詳細は省略しますが、この手法では設計基準事象より幅広い事象の評価ができるのです。

その原理は、原子力発電所で起こる可能性のあるいろいろな出来事をすべて列挙し、その結果

用語のひとくちメモ　その5

イベントツリーとフォールトツリー

イベントツリーとフォールトツリーについて正面から取り組むと大変な議論になりますので，簡単な例を用いて考えてみましょう。

「夜更かしを原因とした寝坊」について考えてみると，普通は翌日のため目覚ましをセットしますよね。目覚ましが鳴らないときはお母さんが，それでも起きないときはお父さんに起こしてもらうとしましょう。お母さんの方が少しだけ信用おけるとします。それを念頭にイベントツリーを描くと，寝坊に至る道筋（というほどではありませんが）は次のようになります。あることの原因になることが起きたとき，それを防ぐ対策を列挙し，成功・失敗に分け，それらの最終状態がどうなるかを示したものがイベントツリーです。若い人の場合夜更かしは1/4から1/3の確率ですると考えて，年100回程度としましょう。

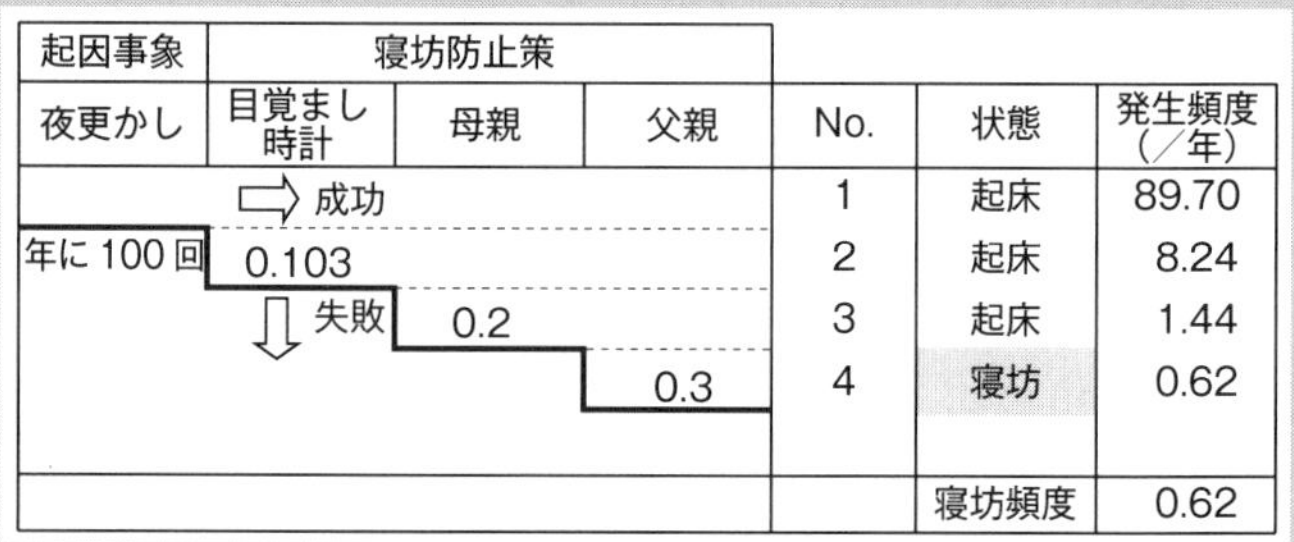

起因事象	寝坊防止策					
夜更かし	目覚まし時計	母親	父親	No.	状態	発生頻度（／年）
年に100回	⇒ 成功 0.103			1	起床	89.70
	⇓ 失敗	0.2		2	起床	8.24
			0.3	3	起床	1.44
				4	寝坊	0.62
					寝坊頻度	0.62

この場合，寝坊頻度は年間0.62回となります。

では対策の重要要素である目覚まし時計の信頼度はどうやって求めるのでしょう。

目覚まし時計をパーツごとに分解してみると図のようになります。制御回路が故障した場合，電源が故障した場合，ベルが故障した場合は目覚ましは鳴りません。また，ベル故障はさらに2つのベルの故障に分解することができます。ベルが1つだけ壊れても，他方のベルが壊れていなければベルの機能は果たします。

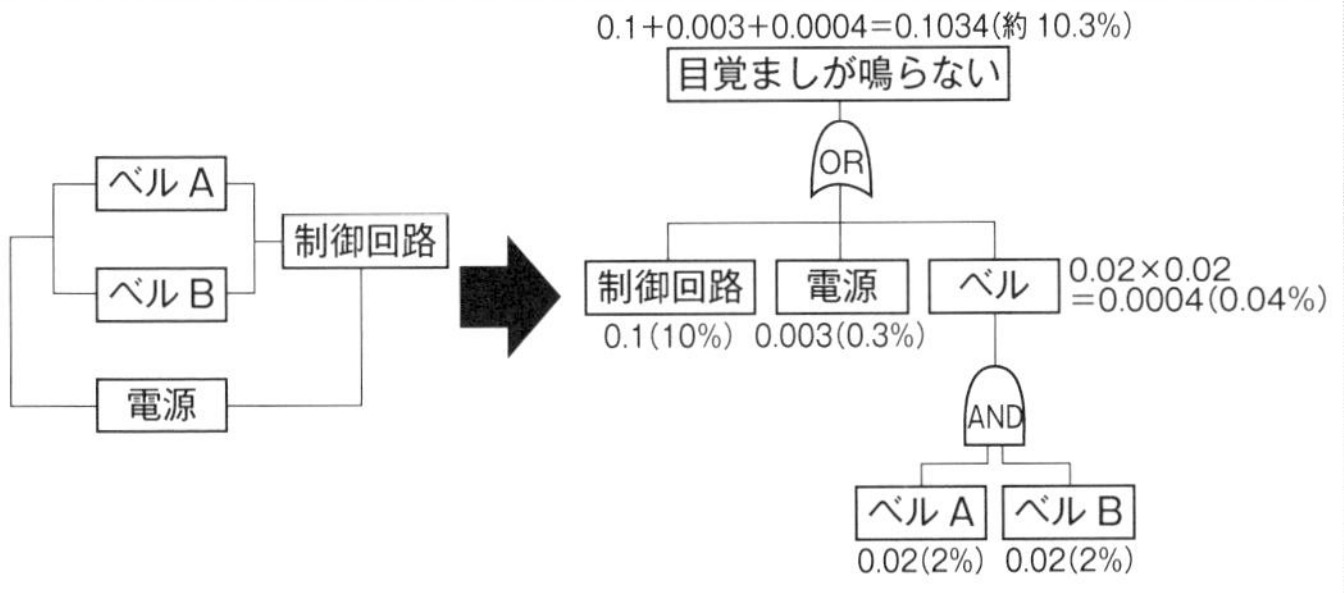

このように，全てが壊れて初めて機能喪失となる場合は AND ゲートで各要因を結び，故障確率は，各要因の確率を乗じることにより求めます。したがって，ベルの故障確率＝ベル A 故障確率(0.02)×ベル B 故障確率(0.02)＝0.0004 となります。上記のベル故障確率はこの値を用いています。したがって

目覚まし時計が鳴らない確率＝ベル故障確率(0.0004)
＋電源故障の確率(0.003)＋制御回路故障確率(0.1)
＝0.1034≒0.103

と求めることができます。

(TEPSYS ホームページを一部改変)

がどのように進展していくかをすべて書き出します（この出来事をすべて列挙し、結果がどのように進展していくか（出来事のシーケンスと言います）を示すやり方をイベントツリーと言います）。

イベントツリーは何が起こりうるかを示すだけなので、出来事の重要性を考えるには起こりやすさを示す指標が必要になります。この起こりやすさは一般に確率によって示します。各シーケンスごとにその関係する系

統、機器等の故障がどのようにして起こるか綿密に分析します。そして各部品レベルまでの故障のしやすさをすべて示し、各系統、機器等の故障の起こる確率を求めます。（このやり方をフォールトツリーと言います）。

イベントツリーの各分岐点に、そこで起こる各事象の起こりやすさをフォールトツリーによりその確率を求めて、どのような事象がどのくらい起こりやすいか全体を推定するのです（用語のひとくちメモ　その5にイベントツリーとフォールトツリーの原理を解説します。ちょっと例が身近すぎてかえって分かりにくいかも知れませんが、その意味する所は分かってもらえるでしょう）。その中には設計基準事象に含まれる事象からもっと起きにくいとして考慮に入っていない事象まで含まれます。

そうやって行った解析の結果、それまでは特に起こる可能性の少ないと考えられてきた事象も、電源がなくなるとか運転員はじめ関係者が誤った判断をするといった、いくつかの系統、機器が同時に働かなくなる又は間違った動作、操作をすることによって起こる可能性が高いとわかってきたのです。またそのようなことの重なりにより、想定していなかった事象に発展しやすいことも分かってきました。もちろん個々の故障や単一の誤操作だけでなく、いくつかの系統、機器が同時に働かなくなる又は間違った動作、操作をすること等の確率は（過去の事例等を参考に評価するのですが、これが重要ですし限界でもあるのです）フォールトツリーにより求めることができるのです。

想定していない事故についての対策

確率論による安全評価を実施して初めて明らかになるような特別な事象は、設計基準事象を中心に考えられている事故時運転操作手順書には書かれていない事故があるということになります。

このような想定していない事故が起きたらどうするかについてどう考えたらいいのでしょうか？俗に言われる「安全神話」のように「想定していない事故」については対策を考えなくて良いと放っておいて良いのでしょうか。実はそうではありません。これからそのことについて少し考えてみましょう。ただ、このようなことになじみのない皆さんには興味を持ちにくいかもしれませんが、少しお付き合いください。

2.1 シビアアクシデント

シビアアクシデント（severe accident、過酷事故）という言葉は本章の始めに出てきました。シビアアクシデントとは「発電用軽水炉におけるシビアアクシデント対策としてのアクシデントマネジメント」（平成四年五月原子力安全委員会決定）によれば次のようになっています。

「設計基準事象を大幅に超える事象であって、安全設計の評価上想定された手段では適切な炉心の冷却または反応度の制御ができない状態であり、その結果、炉心の重大な損傷に至る事象」

となっています。どうでしょうか。どうやら本章のまえがきで述べた「想定していない事故」の事を考える必要があり、また、それに対する対策も考えている可能性が出てきましたね。その中身を簡単にいえば何らかの原因が重なって、原子炉の炉心を大きく損傷しそうなとき、原子燃料の溶融が起きそうなとき、起きてしまったときどうするの、ということについてまじめに取り組もうということのようです。

「安全神話」のように「想定していない事故については対策を考えない」ということでは無いようです。でも言っていることをよく読むと、そんないつでも起こる、簡単に起こる事象でもなさそうですね。「何らかの原因が重なって」ということですから。だから、設計基準事象の中に入らない事象なのです、単一故障によるものより複雑なのですから。

設計基準事象からシビアアクシデントへの途中の様子

では、設計基準事象からシビアアクシデントへの途中には何が考えられるのでしょうか？この間は一足飛びに進んでしまうのでしょうか？「設計基準事象を大幅に超える事象であって」となっていますよね、シビアアクシデントの定義は。

先程の「確率論を用いた安全評価」のところに「可能性の少ないと考えられる事象も、電源がなくなるとか運転員はじめ関係者が誤った判断をするといった、いくつかの系統、機器が同時に働かなくなること、または間違った操作をすることによって起こる可能性」があると言っています。しかし一般に何らかの理由により、設計基準事象を超え始めた場合、すぐに炉心が大きく損傷したり、燃料の溶融が起きたりするということではないのです。そうでしょう、設計基準事象では炉心は健全なのですから。

この意味の示すイメージは、**図3-4**の事象の進展図を見て下さい。つまり設計基準事象からシビアアクシデントへの途中で何か適切な手段を取れば、シビアアクシデントにならない可能性があると言っていることになりませんか。

そうなんです。では「何か適切な手段」とは具

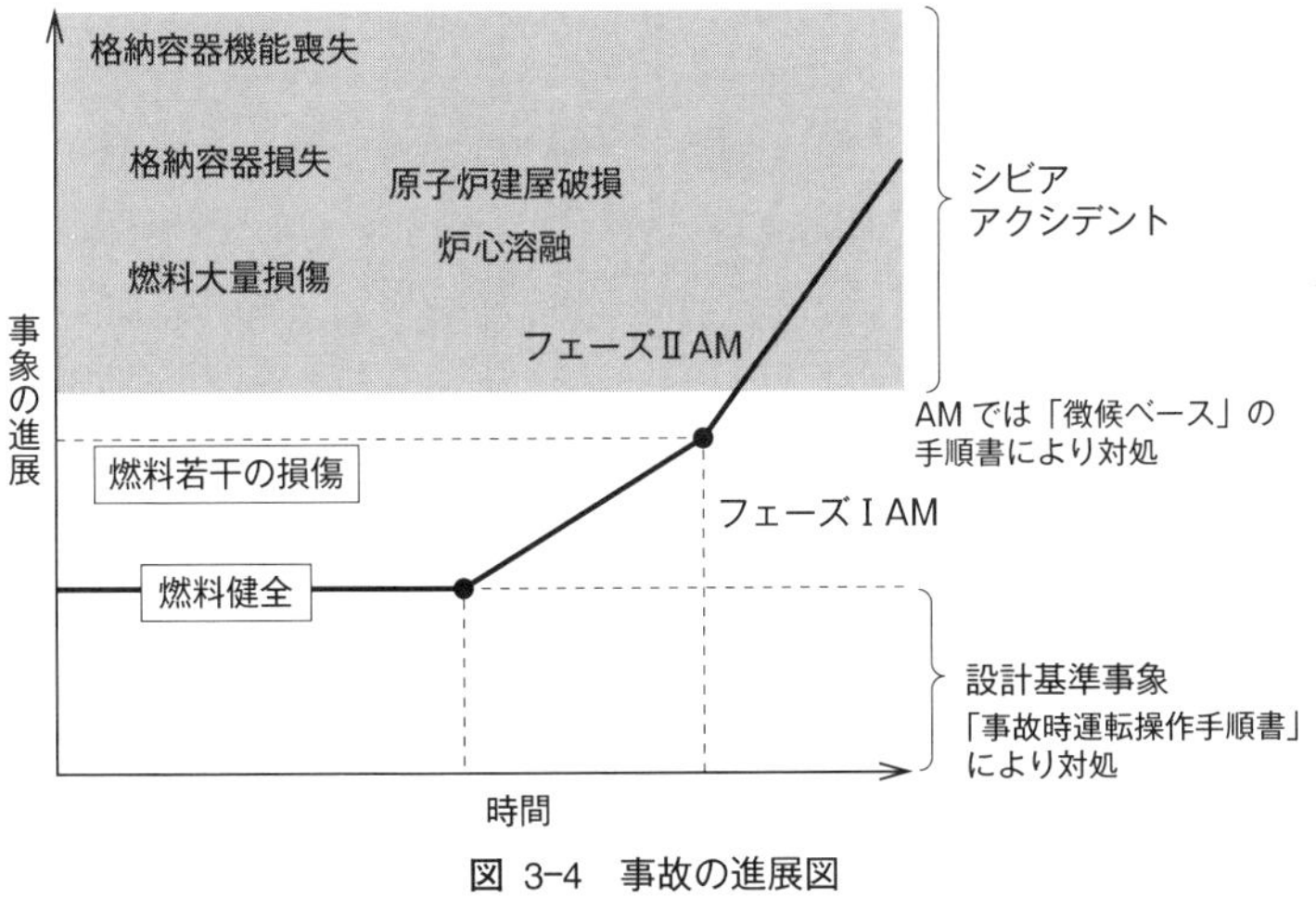

図 3-4　事故の進展図

体的には何でしょうか。

シビアアクシデントにならないようにすること

実はこの場合は、設計基準事象の事故時運転操作手順書のように簡単に手順を決められないのです。では手順の代わりに何を考えればいいのでしょうか、シビアアクシデントにならないために。それが2.2に述べるアクシデントマネジメントなのです。

図3-4の事象の進展図で示すフェーズIAMは燃料を大量に損傷させないため特に重要な手順です。さらにシビアアクシデントに至ってしまった後の「何か適切な手段」についてもアクシデントマネジメントとして考慮するように記されています。それはプラントの実際の挙動に即して（徴候ベース）サイトの専門家や運転員が適切な操作を進めることを意味しているのです。

2.2 アクシデントマネジメント

設計基準事象に対する事故時運転操作手順書は一つ一つの手順を示すことができる

通常、事故は運転中に発生しますので、そのようなとき原子力発電所の運転員の責任は非常に重く、その時に備えて、十分に責任をもった役割を果たすことのできるよう訓練等の準備をしています。

指針で考えた設計基準事象に対しては、上述のように事故時運転操作手順書が定められていて、この手順書に従えばこれらの事象は計画通り収束することができます。

様々な工夫をして、十分な安全性を確保している原子力発電所ですが、これらの工夫が十分発揮できない時どうするのか？という前からの疑問が残ると思います。このような場合には、事故時運転操作手順書のようにあらかじめこれをすればいいと一通りには決めておけないわけです。

プラントの実挙動に基づく「徴候ベース」の手順

一通りに決めておけないのはなぜかというと、様々な安全に関する工夫を潜り抜けた現象は、あらかじめ想像できない事象、状況になっていることがあるからです。そのときでも何らかの工夫をしておくことが大切になります。

このためアクシデントマネジメントの手順は、通常の操作手順書と異なり、プラントの現象、状況を原子炉物理、原子炉工学的に理解した上で、場合によると通常の操作手順書とは異なる操作すら求められることがあるのです。この手順はプラントのその時点での実挙動に基づく「徴候ベース」の手順書になるのです（図3-4のフェーズIおよびフェーズIIのアクシデントマネジメント（AM）に対応しています）。

ここで、本編第1章で述べた深層防護という観点からみると、実は五番目の層として、このような設計基準事象を超えて想像できない事象に発展しても何とかして事態を収束させようという考え方をもっていると言えるのです。

だからこそアクシデントマネジメントを用いる際には、日頃と違うのですよという意思表示が大切で、いまからアクシデントマネジメントに移行することを明示的に宣言し、所員や関係者にそのことを周知させ十分な事象把握とその対応策の理解、さらに日頃からの十分な訓練を基に用いることが必須になってくるのです。

では、具体的なアクシデントマネジメントはどのようになっているのでしょうか。

実は前述のように、シビアアクシデントにならないうちのフェーズIのアクシデントマネジメントと、シビアアクシデントになってしまってからのフェーズIIのアクシデントマネジメントという考え方ができます。ここではフェーズIのアクシデントマネジメントを中心に説明していきます。

(1) フェーズIのアクシデントマネジメント

再びアクシデントマネジメントとは

再び「シビアアクシデント対策としてのアクシデントマネジメント」(平成4年5月原子力安全委員会決定)に戻って考えてみましょう。ここでは

「アクシデントマネジメントとは、設計基準を超え、炉心が大きく損傷する恐れのある事態が万一発生したとしても、現在の設計に含まれる安全余裕や安全設計上想定した本来の機能以外にも期待しうる機能またはそうした事態に備えて新規に設置した機器等を有効に活用することによって、それがシビアアクシデントに拡大するのを防止するため、もしくはシビアアクシデントに拡大した場合にもその影響を緩和するために採られる措置をいう。ここではこれらのうち、前者をフェーズIのアクシデントマネジメント、後者をフェーズIIのアクシデントマネジメントと呼ぶこととする」

と言っています。ここで、フェーズ（phase）とは、「段階、局面、様相」といった意味を表しています。

相変わらず長くて分かりにくい文章ですが、概ね「設計基準事象を超える恐れが万一発生しても、設計に含まれる安全余裕や本来の機能以外にも期待できる機能、そうした事態に備えて新規に設置した機器等を有効に利用しシビアアクシデントに拡大するのを防止する、シビアアクシデントに拡大した場合にもその影響を緩和するために採られる措置」といっています。

どういうことでしょうか？フェーズIのアクシデントマネジメントとして、今回の福島第一の事故の中で働いた機器の余裕の簡単な例をあげますので、理解の足しにしてください。

例一　原子炉が隔離されたとき用いる隔離時冷却系（RCIC）は常用系であり、設計上約30分、他の要因から機能は数時間~長くて半日とされていますが、今回の事故においては2号機は2日半以上、3号機は18時間以上機能を果たしました。

例二　消火系は常用系とされていましたが、炉心に注水する過程で消防車による電源とともに、非常系が働かない中、耐震クラス（地震に対する強度設計を示すもので、端的に言えば設備の重要度を表しています）は低いにもかかわらず非常用炉心冷却系と同等以上の機能を発揮しました。

フェーズⅠのアクシデントマネジメント

さらに、先程から引用している「シビアアクシデント対策としてのアクシデントマネジメント」の中で、整備の状況としては次のように述べています。

「フェーズⅠのアクシデントマネジメントは、主として炉心冷却等の安全機能を回復させるための様々の操作から構成される。また、これらのアクシデントマネジメントが的確に行われるように配慮された手順書等の整備が考えられている。

国内原子炉では、このようなフェーズⅠのアクシデントマネジメントとして、様々な対策が整備または検討されているが、その主なものを主要な事故シーケンス別に整理して示すと以下のとおりである。

1　BWRプラント

①全交流電源喪失事象に対して、

外部電源の復旧またはディーゼル発電機の修復
②原子炉スクラム失敗（ATWS）事象に対して、
ⓐ原子炉保護系が作動しない場合に手動スクラムまたは制御棒の手動挿入
ⓑホウ酸水注入系（SLC）の手動起動
③トランジェント時の崩壊熱除去機能喪失事象に対して、
ⓐ残留熱除去系（RHR）の復旧
ⓑ格納容器スプレイの手動起動
ⓒ格納容器ベント
④トランジェント後の注水失敗に対して、
ⓐ高圧系ECCS、原子炉隔離時冷却系（RCIC）の手動起動
ⓑ自動減圧系（ADS）、低圧系ECCSの手動起動
ⓒ代替注水設備の手動起動

なお、後述する国内のレベルIPSA（著者注：確率論的安全評価）では、上記の操作のうち、SLCの手動起動、ADSの手動起動、ECCSの手動起動、格納容器ベント及び機器の復旧等の操作を考慮に入れている。また、格納容器ベントについては、既存の設備（不活性ガス系（AC系）または非常用ガス処理系（SGTS）を用いたダクトベント）を利用するとして評価している。この場合のベントは、トランジェント後の崩壊熱除去機能喪失事象における格納容器の損傷を防止するためのものである。」

以上の前提のもと、BWRのフェーズIアクシデントマネジメントは進められたと言っています。ここで注目されるべきなのは、(i)格納容器ベントについては、既存の設備（不活性ガス系（AC系）または非常用ガス処理系（SGTS）を用いたダクトベント）を利用する、(ii)格納容器ベントについては、トランジェント後の崩壊熱除去機能喪失事象における格納容器の損傷を

用語のひとくちメモ　その6

格納容器ベント

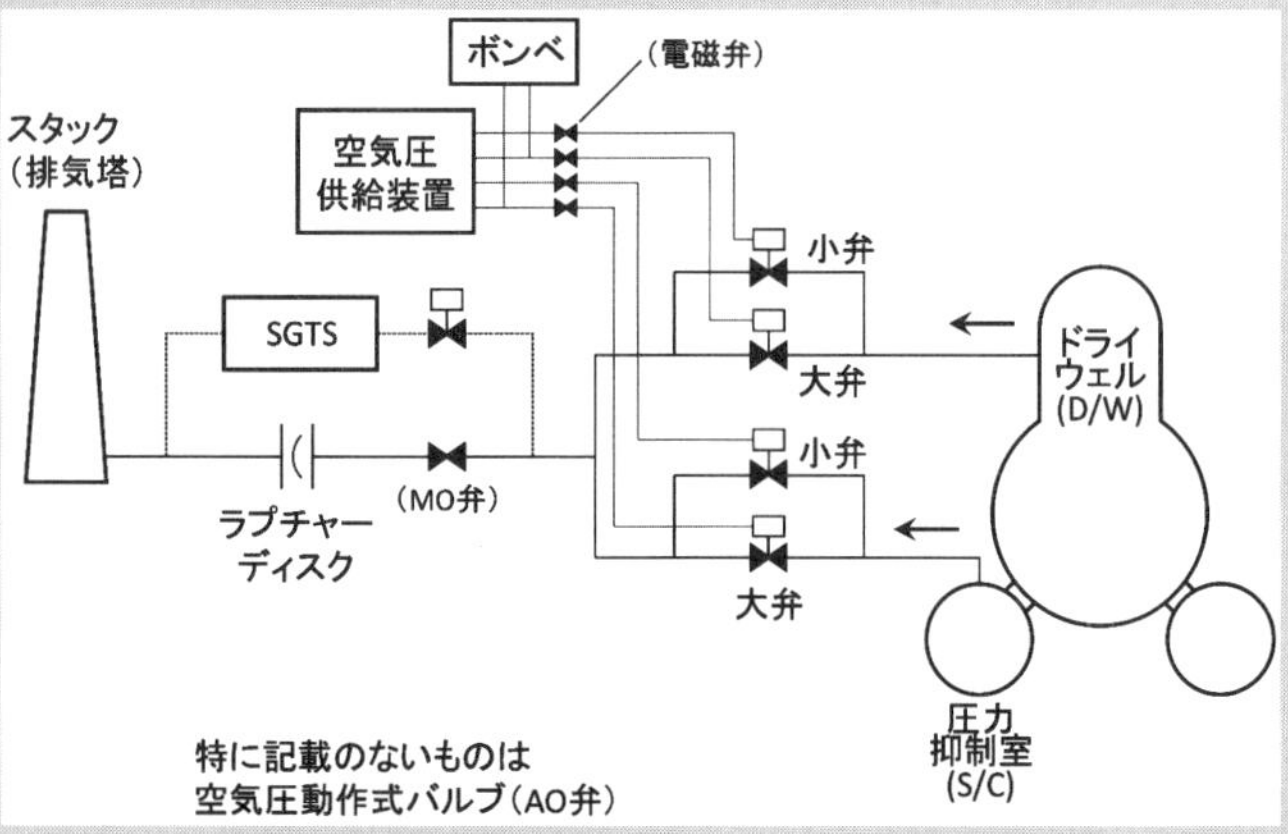

格納容器ベントは，通常SGTS(非常用ガス処理系）等により放射性物質を取り除いたうえで，格納容器内の気相を，スタックを通じて外気に開放します。よって，電源を用いることを前提としています。しかし緊急時には格納容器の機能を維持するため（破壊を避ける）直接大気へ放出することがあります。

本書では，海に熱放出できない場合，大気に熱を放出するための格納容器ベントを行うよう強く推奨しています。

防止するためのもの——という点です。

いずれもフェーズⅠアクシデントマネジメントでこの考えは有効であったのでしょうか。この報告書の中では「格納容器ベントについてはフェーズⅡの重要事項であってフェーズⅠでは重視されていない」ことを示していると言ってよいと思います。

具体的なアクシデントマネジメントの検討

さらに、事故直後のアクシデントマネジメントの代替注水設備の手動起動として、ホウ酸水注入系（ＳＬＣ）、原子炉隔離時冷却系（ＲＣＩＣ）、高圧系ＥＣＣＳ（ここではＨＰＣＩ）の手動起動がありますし、今回の事故でも実際に検討されています。1号機のホウ酸水注入系（ＳＬＣ）の手動起動は実際には行われていませんが起動の検討や、実際に手動起動させた2号機、3号機のＲＣＩＣ、3号機ではＲＣＩＣの停止後（自動起動ですが）ＨＰＣＩの起動などが見られています。

アクシデントマネジメントでは、事象初期に重要な高圧系中心の記述になっていることにも注意が必要です。初期は原子炉圧力が高いのでこの記述は当然ですが、実は燃料の大量破損を防ぐ意味ではこの注入が行われた後の、もう少し中長期の注水にあまり関心が払われていないことが気になるところです。

福島第一の事故における、このとても重要な部分の詳細は、本編第3章で述べることとします。

（2）フェーズIIのアクシデントマネジメント

では、フェーズIIのアクシデントマネジメントについてはどうでしょうか。実は日本国内ではあまり進んでいないのです。

やはり、原子力安全委員会決定の報告書を引用してみましょう。これもわかりにくいでしょうが、少し我慢してください。

フェーズIIのアクシデントマネジメントに関して

「BWRプラント

海外のBWRプラントにおいて、現在設置または検討されているフェーズIIのアクシデントマネジメントとしての格納容器対策としては次のようなものがある。

①フィルター付ベント設備またはウェットウェルベント設備

②格納容器内注水設備

③ADSの機能強化
④水素制御設備

上記の格納容器対策は、後述するように、組み合わせて実施された場合に大きなリスク低減効果が得られる。すなわち、格納容器破損モードごとに、その破損モードに対処し得るそれぞれの対策を並行的に実施することにより、シビアアクシデント時の格納容器の信頼性を大きく向上させることができるようになる。

例えば、想定される格納容器の破損モードとしては、過圧破損、過温破損、格納容器直接加熱（DCH）及び水素燃焼等が考えられるが、フィルター付ベント設備単独では過圧破損が回避できるのみで、過温破損にはほとんど効果がない。（中略）逆に、格納容器内注水設備のみでは過圧破損が回避できない。

また、原子炉圧力容器が、内圧が高圧に保たれたまま破損して溶融炉心が噴出するとした場合、溶融炉心による格納容器直接加熱により格納容器が破損する可能性がある。このため、ADS機能の強化を図ることにより高圧での炉心溶融を回避することが検討されている。」

これを読んでみると、フェーズⅡはフェーズⅠに比べて、格納容器の事故時の挙動が複雑で様々な事故の進展の可能性があり得るので、今のところこれらの実際の挙動が十分理解されていません。したがって、このような挙動のときにはこういう原因からこういう操作をすればこのようになっていくはずという因果関係があまり明らかでなく、可能性について羅列、推測した頭の体操的な対応が見て取れます。

このことは、設計基準事象からフェーズI、フェーズIIに至る過程の解析、評価、特にフェーズIIでの挙動評価がまだまだ不十分なためといってよいでしょう。

3章　アクシデントマネジメントの認識と事故対応評価

本編第2章では、原子力発電所のシビアアクシデントとアクシデントマネジメントの考え方について触れました。この考え方は、従来の設計基準事象を超える苛酷な事故について、様々なことを考えさせてくれる内容が含まれていました。

本編第3章では、2章で示された一般論を福島第一原子力発電所の事故に適用しつつ、もう少し具体的に考えてみましょう。

「大気への熱放出に用いる」格納容器ベントという新しい考え方

平成4年5月、原子力委員会決定のアクシデントマネジメントに関する文書では、フェーズIとして炉心が大きく損傷するおそれのある事態が発生した場合にもシビアアクシデントに拡大するのを防止する、フェーズIIとしてシビアアクシデントに拡大した場合でもその影響を緩和するという一種の深層防護の考え方を用いています。

しかしこの文書では、格納容器ベントは主としてフェーズIIのアクシデントマネジメント、すなわち格納容器の破損対策として位置づけられています。

フェーズIの「炉心が大きく損傷するおそれのある事態」では、トランジェント時の崩壊熱除去機能喪失事象も考える対象としていますが、この場合既設の設備（電源を用いる通常設備を用いるダクトベント）を利用するとなっていますので、今回のような全交流電源喪失と重畳した崩壊熱除去機能喪失時の海への熱放出（ヒートシンク）の代わりに、大気への熱放出に格納容器ベントを用いることが有効であるとは、十分理解されていませんでした。

本書では、大きな困難を伴いますが、〝この方法が炉心燃料を守る最後の手段〟であったことを今後述べていきます。

アクシデントマネジメントにおける深層防護の考え方

アクシデントマネジメントで用いる格納容器ベントは、従来フェーズIIの格納容器破損を防ぐ対策として特に重要とされています。しかし、本来は事故の進展に伴い、最終ヒートシンク（通常は海）に熱が逃がせなくなったとき、燃料を大きく損傷させないうちに熱除去と減圧を進め、炉心注水を図り、燃料を健全な状態にしておくために用いることがより一層重要かつ有効なはずです。

この意味での、早期の格納容器ベントであれば、燃料が健全であるので放射性物質の放出もほとんどなく、事業者の判断で早期に実施可能だったはずです。ただしこの場合、燃料を大きく損傷させないよう事前に注水の準備を完了させておくことが必須条件になります。格納容器ベントした後、注水手段を考える、または準備するのでは、燃料の大量破損に直結してしまい、何のための「早期のベント」だったか意義を疑われます。注水とセットであることが特に重要です。

交流電源を用いる非常用ガス処理系や不活性ガス処理系の使用を考えるのみのフェーズIのアクシデントマネジメントの例示から見ると、フェーズIの時点から格納容器ベントを熱除去と減圧の手段として用い、大気をヒートシンクにするということは、原子力安全委員会含めアクシデントマネジメントを推奨した方々にはほとんど意識されていなかったのではないでしょうか。ここでは、深層防護の考えに立たずにアクシデントマネジメントを進めたのではないかという疑念すら出てきます。

ベントラインの略図を**図3-5**に示します（詳しい説明は〃用語のひとくちメモ　その6〃を参照してください）。緊急時に格納容器ベントを行う場合、隔離弁を手動で開にし、ラプチャーディスクを破壊すれば、今回のように電源がなくてもスタックへの熱放出ルートが確保できベントが可能になります。格納容器ベントはアクシデントマネジメントの一環としてBWRプラントに設置したものです。もちろん今回の状況では、隔離弁の開、ラプチャーディスクの破壊といった作業は困難を極めることであることはわかります。しかし、事業者の記録からは、これに挑戦

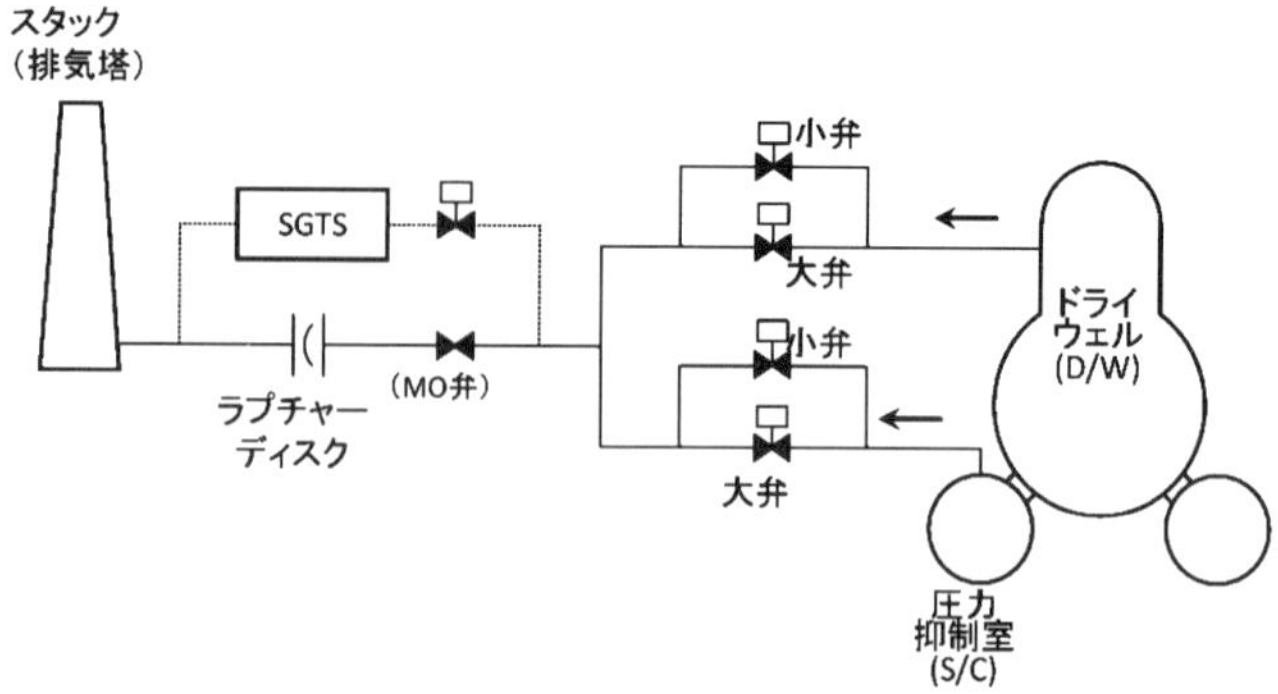

図 3-5　ベントラインの略図

しようという試みはされていないことが読み取れます。

本書では、早期の格納容器ベントこそが大気へのヒートシンクとなり得たものと評価しています。

アクシデントマネジメントの実施宣言

さらに今回の事故で強調されなければならないのは、この事故を通じてアクシデントマネジメントに移行する旨の実施宣言がなされていないことです。

この点は案外軽視されがちですが、運転員はじめ所員全体にとても大きな事故が起きてしまったということを徹底させるとともに、判断や操作は通常の操作手順のみで考えてはいけないことを徹底させるためにも大変重要でした。全交流電源喪失に加え海水への熱除去ができないという事態がかなり長く続き簡単には復旧できない（少なくとも数日間は続く）ということは明らかであり、想像を絶する大変な事態なのだという共通認識がどうしても必要であったのです。

これらのことを頭に入れながら、各号機の事故対応の評価に移ります。今回の事故評価には当然設計基準事象を超える議論が必要になり、大変分かりにくいかもしれませんが、今回の福島の事故の最も重要な部分でもありますので、ぜひ引き続きお付き合いください。

3.1 1号機の事故対応評価

地震直後と津波後の対応

事故直後、1／2号中央制御室ではとても重要な判断が行われています。それは3月11日午後2時52分非常用復水器（Isolation Condenser：IC）自動起動のときです。

このとき1／2号中央制御室では「原子炉は通常水位であることからHPCIは原子炉水位が低下してきた際に起動することにしICによる原子炉の圧力制御を行うことにした、また圧力制御で通常運転時に近い6~7 MPaに制御するにはA系一系統で十分と判断した」と記録されていて、B系の使用（即ちラインアップ）は不必要と早々に断念しています。

そして津波を迎えます。津波後HPCIは制御盤表示灯が点灯していましたがだんだん薄くなり消灯したため起動不能と判断した、となっています。

これらの記録をみると、地震による外部電源喪失と、その後の津波による非常用電源喪失によよる全交流電源喪失、津波による海水への熱除去機能の喪失という状況では、その前後に考えなけ

用語のひとくちメモ その7

非常用復水器（IC） 系統図 1号機

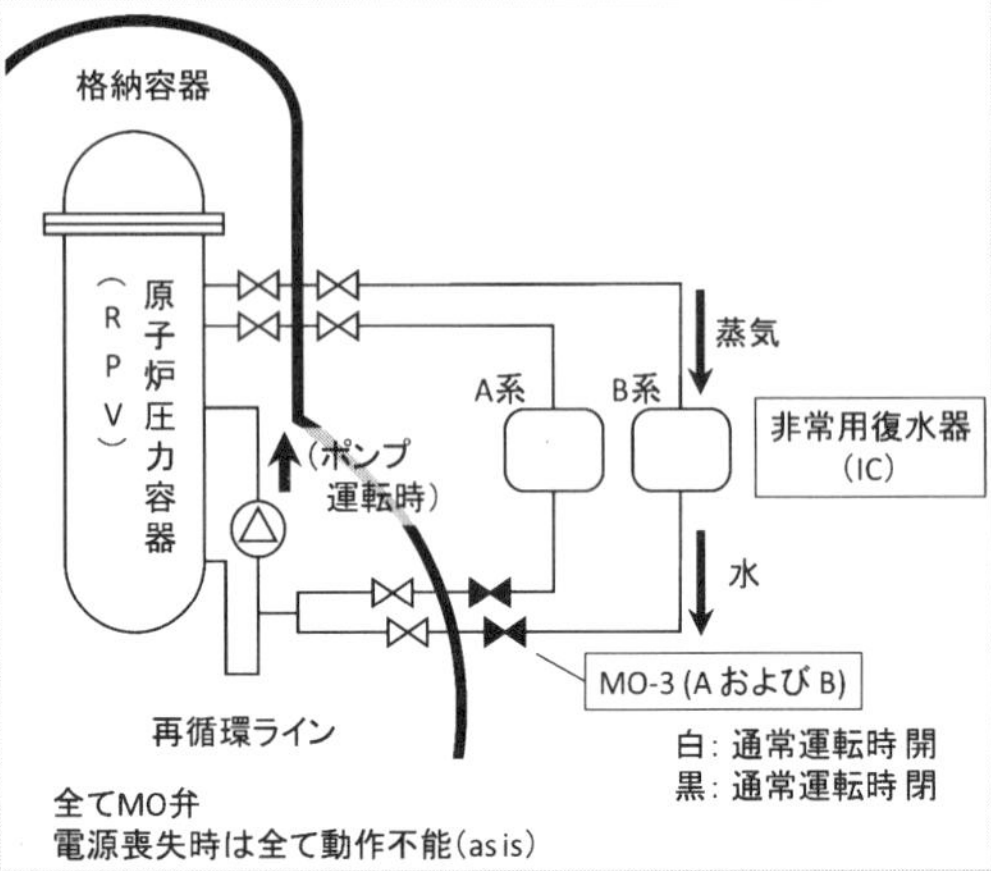

原子炉が何らかの理由で隔離されたとき（タービン，発電機，外部電源系の不具合等による），原子炉内の蒸気を非常用復水器の管側に導き凝縮させ，胴側の水を蒸気にすることにより熱除去，注水を行う設備。通常再循環系が動いているときは，凝縮水はジェットポンプを通して原子炉に注水される。再循環系が動いていないときは，凝縮水は再循環系入口部を経由しシュラウド外側下部に流入する。この領域の水は原子炉水位がジェットポンプノズル部以下になると炉心冷却に寄与できないので注意が必要です。

通常隔離弁 MO-3 を開にすることにより作動状態になり，電源がなくても手動で開にすることにより作動すると思われます（実際運転記録からは 11 日午後 6 時 18 分から 25 分の間は作動したことを示しています）。また一般に 1 系統 3～4 時間程度とされますが，長期間使用する場合もう 1 系統利用するか，胴側に追加の給水をすることが重要となります。

ればならない最も重要なことが変わってしまうはずです。それなのに、その意識の変化が記録からは読み取れません。

津波前には、設計基準事象の「外部電源喪失」に基づいて復旧すればよかったのですが、津波後には、①当面は緊急に炉心に水を入れること、②次にそれを数時間どのように確保するか、③さらにもう少し長い時間（数日間）にわたり確実に原子炉から熱を取り出し、注水を続けるにはどうするかということを考えるのが最優先になります。

電源としてバッテリーさえない状況なら手動でバルブを開けてでも実現しなければなりません。その意識をしっかり持っていたのでしょうか？幸いＨＰＣＩやＩＣは隔離弁を手動で開にすれば動作できる可能性があるのです。

津波前の操作のトラウマはなかったか

しかし、津波前にＩＣは55℃/h の冷却材温度降下率を超えて操作したこと、その時、圧力制御を主体にすると思い込んでしまったことにより、津波による新たな緊急事態が発生したにもかかわらず、圧力制御主体の操作をしていけばよいという考えに固執してしまい、その後緊急に注水を開始する重要性、さらに数時間以上に及ぶ連続注水の必要性に注意が行き届かなかったのではないでしょうか。このことが重大な過失となってしまいました。

ＩＣの弁は電源喪失時の状態を保って動作不能（as is）となりますから、津波時にＩＣが運転中なら運転継続していたと思われますが、このときは残念ながら停止状態でした。この状態も初期の注水を不能とした大きな要因になりました。

交流電源停止時のIC機能の変化に気づいたか？

連続注水の必要性が明確な場合、果たしてICが第一優先で選択すべき系統であったのか疑義があるところです。それは以下のことが考えられるからです。

通常はICの凝縮水の戻り（原子炉に水を入れるということ）は再循環系の入口部で、再循環流量とともにジェットポンプのノズル部に流入するのですが、全交流電源喪失時にはICの凝縮水の戻りは再循環系の入口部でシュラウド下部ですが、いったん水位がジェットポンプノズル部以下になった場合、戻ったICの凝縮水はジェットポンプを通じて炉内に流入できなくなり、

図 3-6 ジェットポンプとICからの水

シュラウド（炉心の外側）の水位がジュットポンプの入口以下に低下してしまうと、ICから来た冷却水がジェットポンプを通れなくなり、炉心の冷却に直接使えなくなってしまう

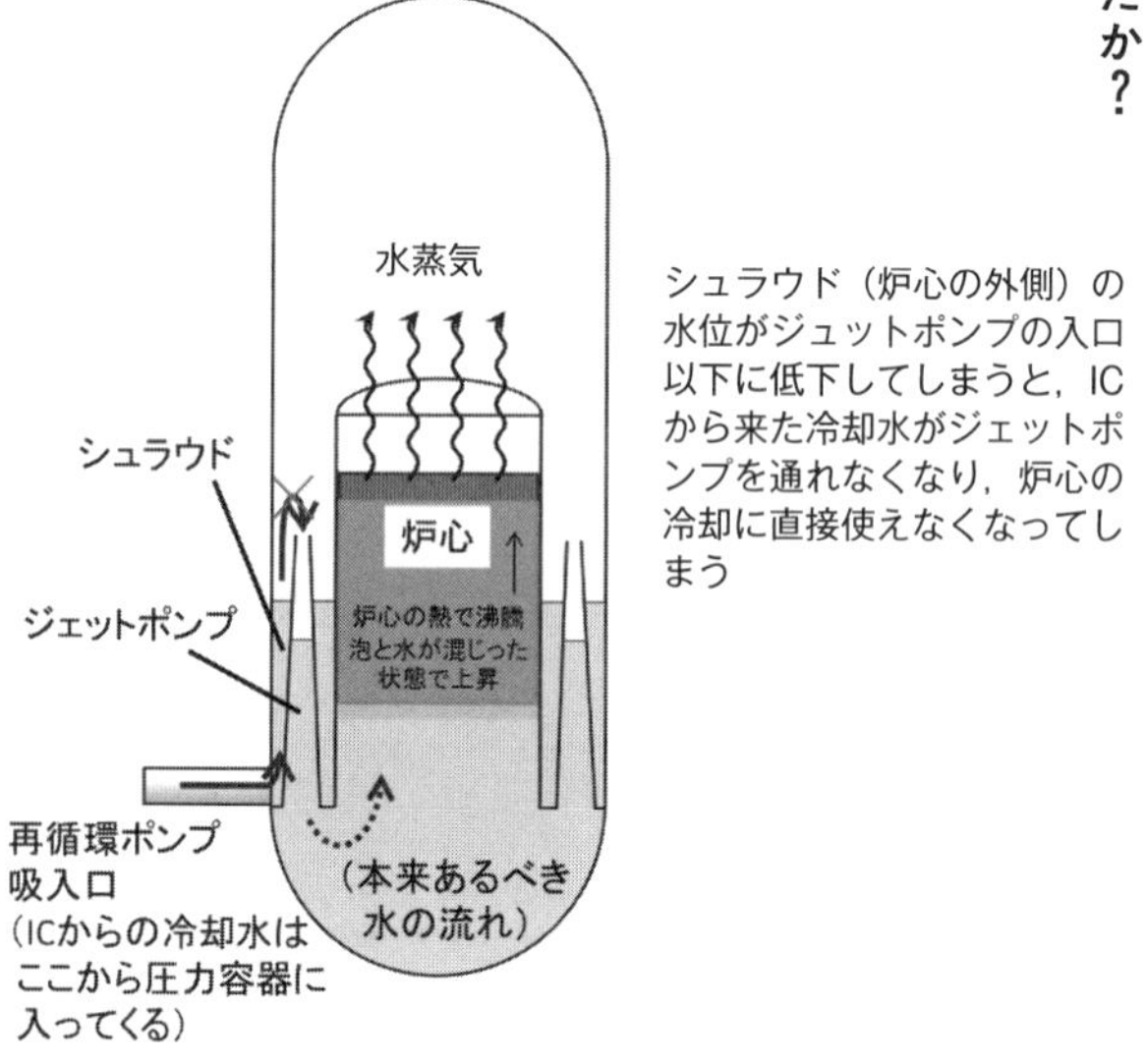

炉心部の冷却に寄与できなくなってしまいます（**図3-6**参照）。このようなリスクを抱えて第一優先に考えるべきだったかは少し疑義があるところです。
でも、今回は1号機の場合HPCIを用いるか、ICを用いて連続的に凝縮水を原子炉圧力容器に流入させ、原子炉水位をジェットポンプノズル部以下に下げないように留意し除熱、注水を続けるかどちらかが必須の対応でした。

約3時間は全く原子炉に水が入っていない？

しかし、実際の事故時操作記録を見ると、HPCIの起動操作はされていませんし、ICの使用は午後6時以降の非常に短時間に限定されています。すなわちICは、圧力制御としては一系統で十分と判断し、A系のみを用いA系の戻り弁のみで開閉操作をすること、午後6時18分になって初めてICの操作をしたと記されていること、このとき開にした隔離弁を午後6時25分には閉にしていること、等から操作記録からは午後3時30分頃から午後6時30分頃までの約3時間程度は全く原子炉に水が入れられていません。さらに午後9時30分までの約6時間はこの10分程度を除くと操作記録からは注水はされていないことになります。この間の圧力維持は逃がし安全弁（SRV）、安全弁により行われていると考えられますが、これでは注水がないため大量の冷却水が炉心から失われることになりました。
こうしている間に、シュラウド外水位の低下がジェットポンプノズル部以下に低下したと考え

用語のひとくちメモ　その8

主蒸気逃がし安全弁（SRV）と安全弁

原子炉圧力が上昇した場合，主蒸気逃がし安全弁が開となり蒸気をサプレッションプールに逃がし圧力上昇を抑えます。主蒸気逃がし安全弁（逃がし弁機能）は圧力が設定値になると空気駆動で弁の開閉を行います。この設定圧で駆動しない場合，容量以上の蒸気がある時主蒸気逃がし安全弁（安全弁機能）がバネ駆動で開閉します。この機能

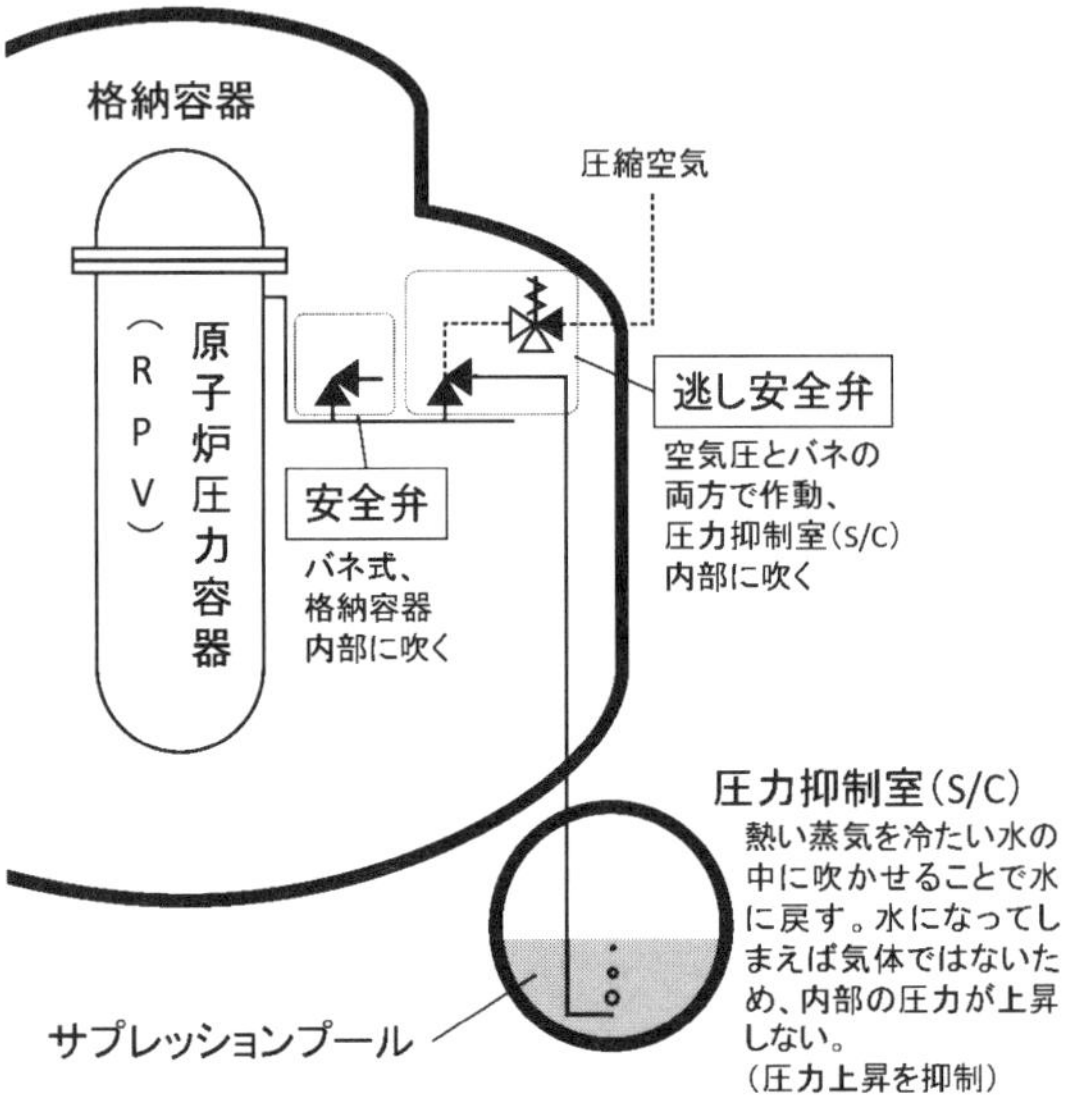

格納容器
圧縮空気
原子炉圧力容器（RPV）
逃し安全弁
空気圧とバネの両方で作動、圧力抑制室（S/C）内部に吹く
安全弁
バネ式、格納容器内部に吹く
圧力抑制室（S/C）
熱い蒸気を冷たい水の中に吹かせることで水に戻す。水になってしまえば気体ではないため、内部の圧力が上昇しない。（圧力上昇を抑制）
サプレッションプール

	1号機	2・3号機	作動圧力
安全弁	3個	3個	約 87 kg/cm^2（約 90 気圧）で作動
逃し安全弁（SRV）	4個	8個	逃し弁機能（空気圧で動作）：75–78 kg/cm^2（約 75 気圧）で作動 安全弁機能（バネ式で動作）：78–80 kg/cm^2（約 80 気圧）で作動

の主蒸気逃がし安全弁と別に，ドライウェルにバネ駆動で直接蒸気を開放する安全弁をもっています。1〜3号機の設定値をそれぞれ示します。

本書で推奨している原子炉圧力の減圧は，逃し安全弁の空気圧作動による機能の復旧，すなわちバッテリーの復旧が前提となっています。

ると（図3-6参照）、先に述べたようにこれ以降はたとえＩＣの隔離弁を開操作しても、ＩＣの凝縮水は炉心を冷却する経路がなくなることになります。さらにＩＣで連続的に注水してもＡ系のみでは凝縮は3時間程度しかできないので、胴側の淡水を早めに給水するか、Ａ系統のみでなくＢ系統も同様に用いることを、事前に考え準備をしておくべきでした。

津波後「数時間は必ず注水する」という強い意識の共有が発電所所員にとって特に重要な判断でした。この間の圧力維持は逃がし安全弁（ＳＲＶ）、安全弁により行われていましたが、前に述べたように冷却材の流出を招いてしまいました。しかしこれらの弁が働かない場合簡易計算では原子炉は70 MPaにもなってしまい、圧力容器そのものの健全性が大きく脅かされてしまいます。つまりこれらの弁は、今回の事故において正常に機能を果たしたことになります。話を戻しますが、炉心への注水が行われなければ当然燃料の大量破損・溶融・ジルカロイ―水反応による水素ガスの大量発生などが予想され、甚大な被害が出ることになります。

1号機の炉心損傷を防ぐ唯一の道

繰り返しますが、この時点では津波直後に起動不能と判断したHPCIの起動を試みるか、水位確保にもっと留意し、ICをほぼ連続的に用いるべきでした。これによって崩壊熱の大きいこの初期の時間を稼ぎ、このいずれかに加えて、比較的長期の注水を事故直後から確実に確保しておくことが1号機の炉心損傷を防ぐ唯一の道だったはずです。

初期の時間を稼いだ後の具体的方法は、本書では早期の格納容器ベントおよび炉心の減圧に加え消火ラインからの炉心注入に移行する手順を早めに準備しておくことしかなかったのではないかと推定しています。

格納容器ベントに当たり、弁のラインナップ以上に重要な事はラプチャーディスクの取り扱いでしょう。詳細な仕様は公表されていませんが、外部からの破壊は難しかったかも知れません。ただ、緊急に水を入れる必要性に気付き、外部にヒートシンクを求めるとすれば、次はラプチャーディスクの破壊であるということは理解されます。この場合、フランジ部を無理矢理開けてでもラプチャーディスクを破壊し、再度フランジ部を閉じる作業を行うべきでした。

大変困難な作業ですが、これしか救う方法はないのです。これができないようになっているのであれば、このアクシデントマネジメントに深層防護の考えが適用されていないことになります。

ともかく、実際の対応としては、炉心注水も燃料が損傷する前の早期のベントも行われないまま炉心溶融に至り、1号機は12日午後3時36分、原子炉建屋5階の水素爆発を招いてしまいました。この影響は1号機のみでなく2、3号機の注水をはじめ様々な復旧作業に少なからぬ障害を与えてしまいました。

明確な意識を持った検討指示

また12日午後5時20分、発電所長がアクシデントマネジメントとして消火ライン、消防車を使用した原子炉への注水方法検討開始を指示とあります。この時とほぼ同じ時期に格納容器ベントに向けた検討も指示しています。このときのベントの検討指示が注水に向けた減圧に用いるものと明確に意識していれば、事態は大きく変わっていた可能性があります。

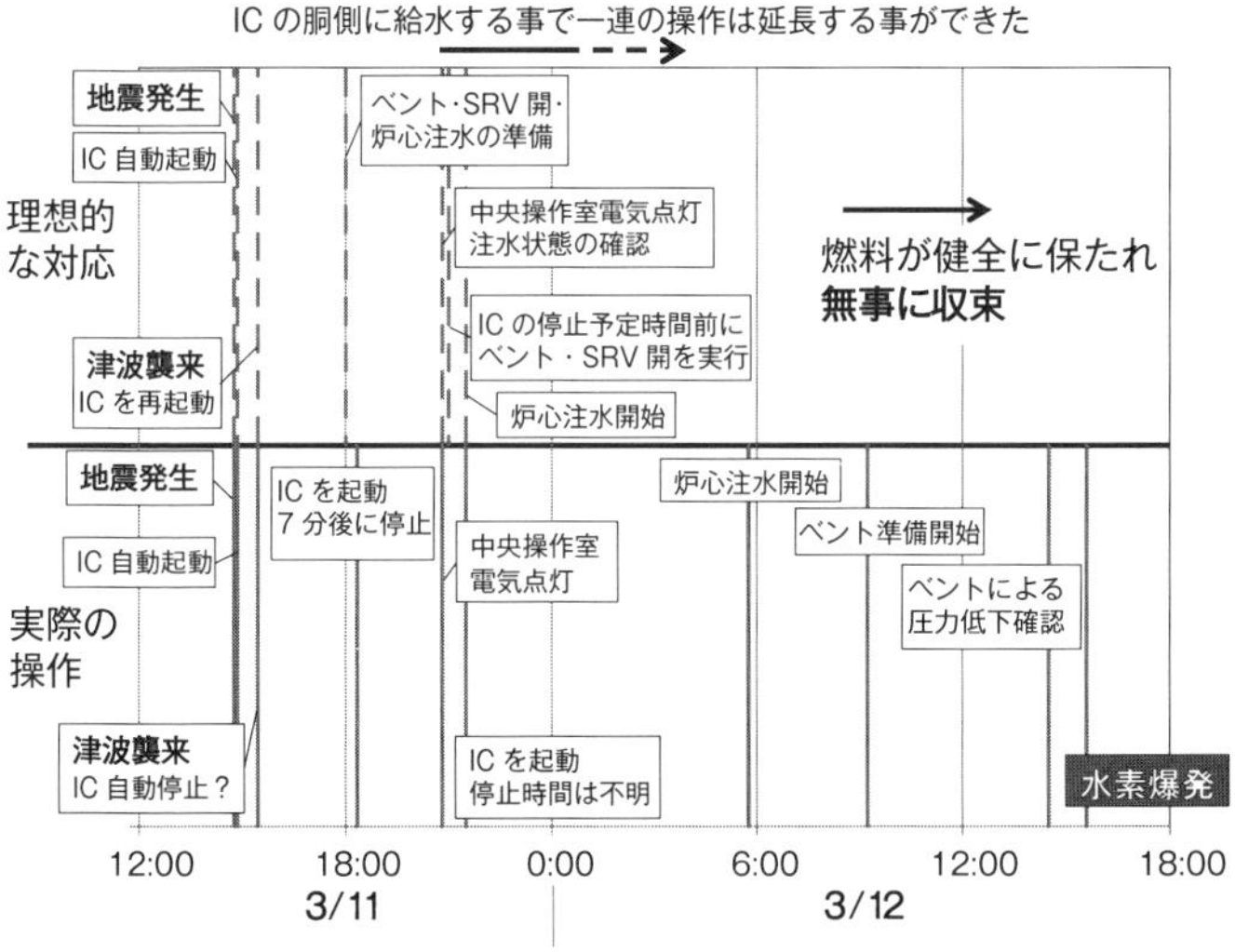

図 3-7　1号機の実際の操作と事故を防げた可能性

操作の記録からは、格納容器ベントを実際に行おうという12日深夜の時期にはすでに格納容器圧力が使用圧力を超えてしまってかなり時間が経過していますので、地元の方たちの退避を優先することになりました。炉心溶融後の圧力上昇は、格納容器内の放射能が大きいことを意味しますので、当然の処置ということになります。

今回のように、全交流電源喪失と崩壊熱除去機能喪失を重畳した状況がかなり長く続くことが明らかだったことを考えると、もっと早くアクシデントマネジメントの検討、具体的実施に入っても良かったはずです。そしてもし津波後早期に、アクシデントマネジメントに移行する旨の実施宣言がされていれば、炉心注水の重要性は確実に各号機の運転員の操作に反映され、かつベントの重要性も理解されて、その後の事故経過は相当違ったものになったはずです。

3.2 2号機の事故対応評価

2号機は地震によるスクラム後RCICをただちに手動起動させ、水位高の信号による停止と手動起動を繰り返しています。津波到達後もRCICを手動起動させ、11日午後3時41分、全交流電源喪失後も確実に運転継続させています。

ここまでの操作等については、RCICの起動・注水が確認されているのであれば、大きな問題はないものと考えます。ただ、RCICの機能喪失後の注水について、重要な検討や大きな判

用語のひとくちメモ　その9

原子炉隔離時冷却系（RCIC）　系統図　　2, 3 号機

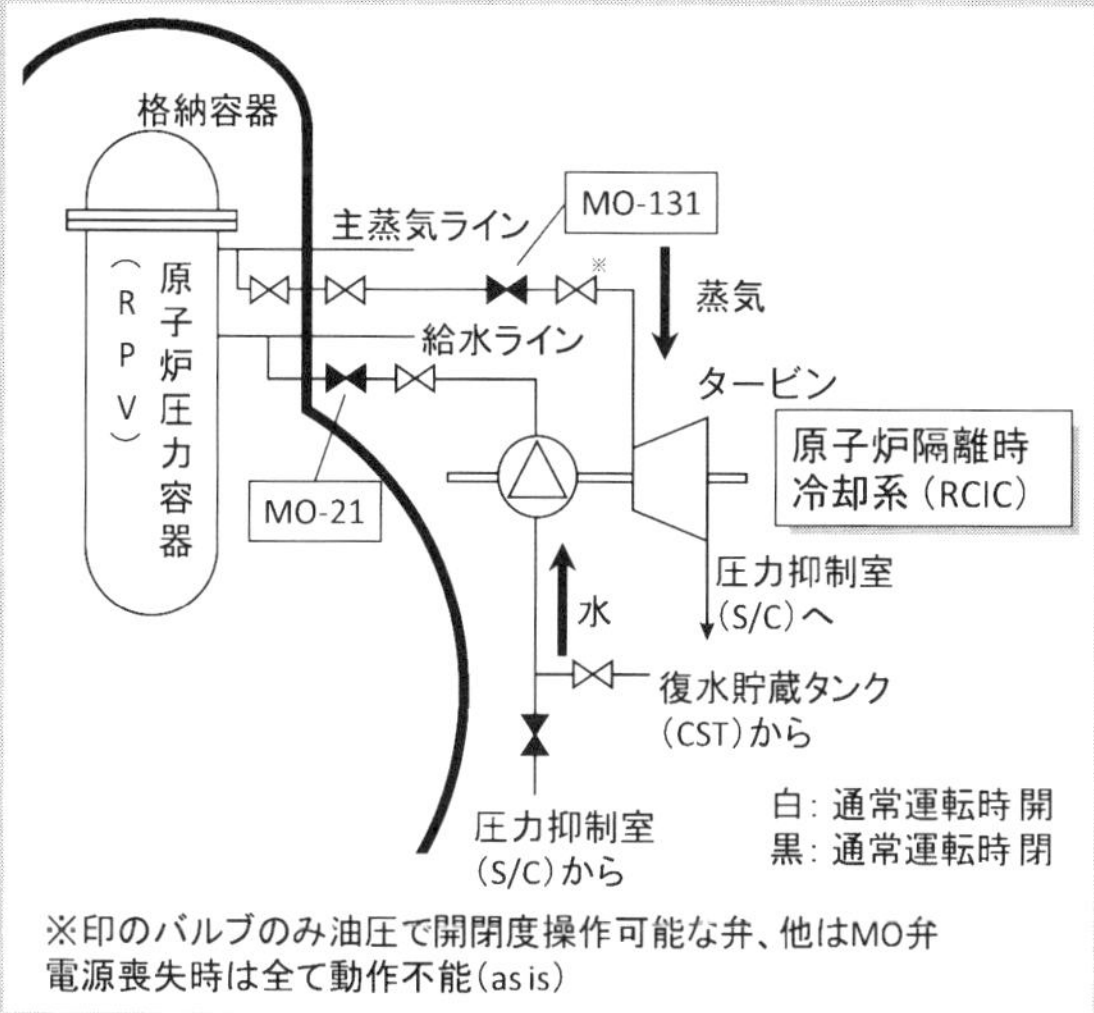

RCIC とは 1 号機の非常用復水器と同様，原子炉が何らかの理由で隔離されたとき炉心を冷却する設備です。

その原理は，タービンを回すことにより原子炉の蒸気を使用するとともに，復水貯蔵タンク，サプレッションプールの水を炉心に注水します。原子炉の蒸気圧の低下やサプレッションプールの水温が高くなり蒸気凝縮の効率が悪くなると，性能を十分に発揮することができなくなってきます。数時間～半日程度は系統のもつ余裕分で運転継続ができると期待されます。また電源がなくとも MO-131，MO-21 弁を手動開することで動作が期待されます。

断がなされる様子は、この時点では見られていません。

先を見越した対策の必要性と他号機でも必ず起きることを予測

しかし、RCICの設計上、性能上の制限から、長くとも6時間~半日程度以降に必ず必要になる次の炉心注水手段について具体的な検討を進めておくべきでした。

この時期の緊急時対応は、発電所、本店の大半のメンバーが1号機の復旧に注力を傾注していて、2号、3号機にはあまり関心をもっていなかったように思われます。

複数号機同時の緊急時は、まさにその時点のメンバーの対応能力が試されるのであり、1号~3号までの個別の各号機と全体の事故推移を確実に上層部に伝えることのできる管理者数名を確実に指名し、早め早めに様々な検討させておくべきでした。これには現場発電所長の片腕ともいえる立場の技術者がふさわしいと思います。

例えばユニット所長、発電部長、技術部長、原子炉主任技術者等の立場の人のいずれかを責任者に、検討する担当者数名を含め1号~3号の個別の各号機と全体の事故推移と収束方法を統括して同時に考えさせておくべきであったのです。

このメンバーは、各号機の状況を本店幹部クラスと直接情報交換を行うなど、現場発電所長の総合判断に幅広い視点を加えることのできる数少ない福島第一サイト（単にサイトと書くこともあります）の重要メンバーであることが必要です。

共通原因で起きた事象は他の号機でも必ず起こる

このことは、RCIC停止後HPCIを起動して冷却を続けた3号機についても当てはまることで、複数号機同時の事故時には、トップは確実にこのような「個別号機と複数号機全体の状況を同時に確実に把握し、方針を伝える」体制を作り、対応を取る必要があります。

RCIC作動中に考えるべきこととは？

2号機のRCICの機能停止は14日午後1時25分で、3日弱の運転継続をしていたことになりますが、最後の何時間かの注水量は十分でなかった可能性は残ります。この時間帯は、記録から、格納容器の圧力が上がってきていますので、冷却は不十分であったと理解していいでしょう（**図3-8**参照）。このあとの操作はSRVによる減圧と海水注入によ

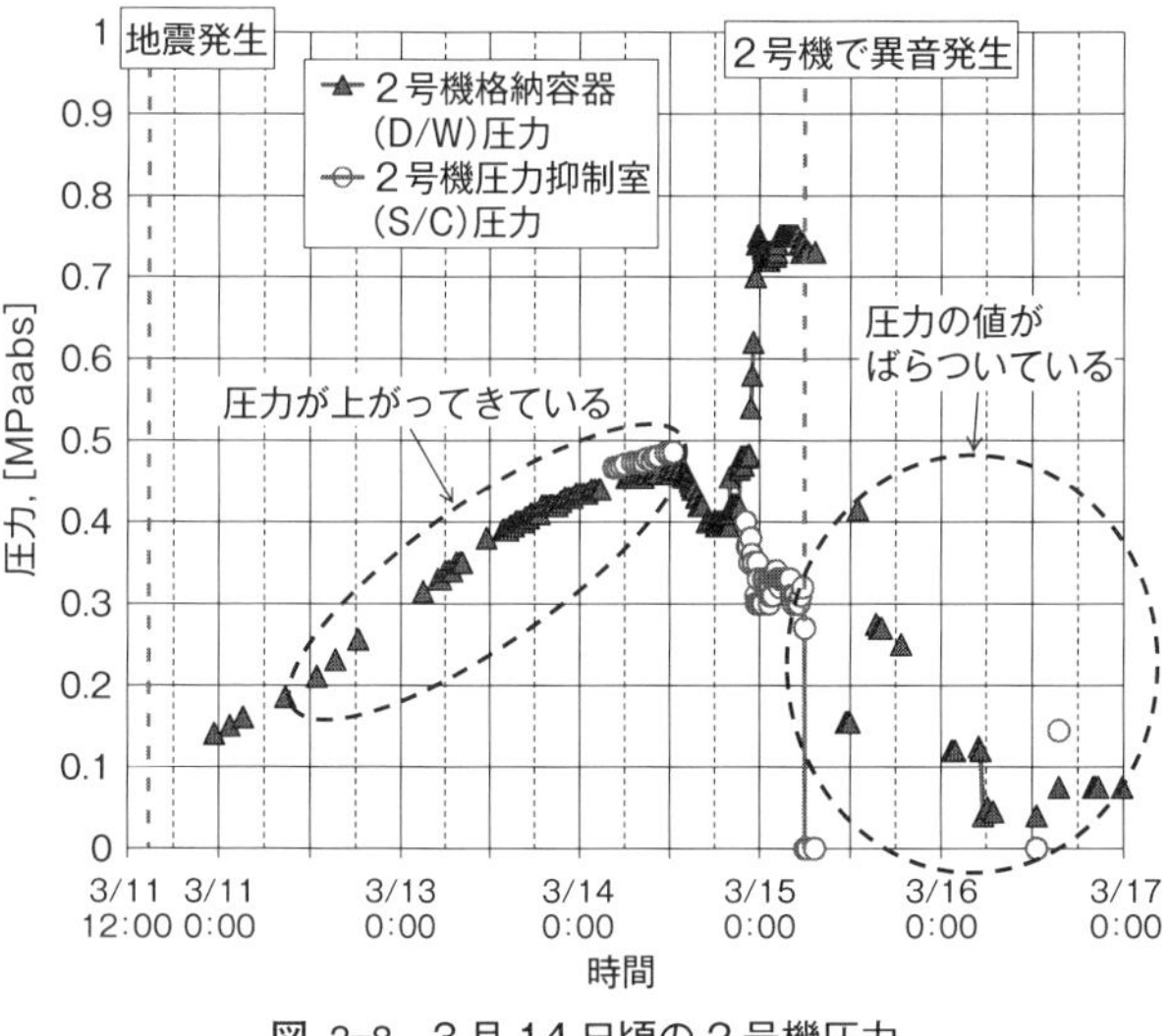

図 3-8　3月14日頃の2号機圧力

り水位の回復が見られたと記録されていますが、実は午後7時54分の海水注入の開始までの約6時間半は注水されていません。これは1、3号機の水素爆発の2号機に与える影響を考慮しても、明らかにRCICの機能喪失後の代替注水について重要な検討や大きな判断が行われていなかったことを意味します。

3月15日午前6時頃、圧力容器抑制室付近で大きな衝撃音が発生しますが、早期の対策が必須だったことは明らかです。事業者からは、この現象は2号機が原因ではないかも知れないとの発表があるようですが、これ以前に2号機の格納容器に何らかの問題があったことは事実だと考えられますし、特に大きな衝撃音後の格納容器内の圧力の挙動を見れば、

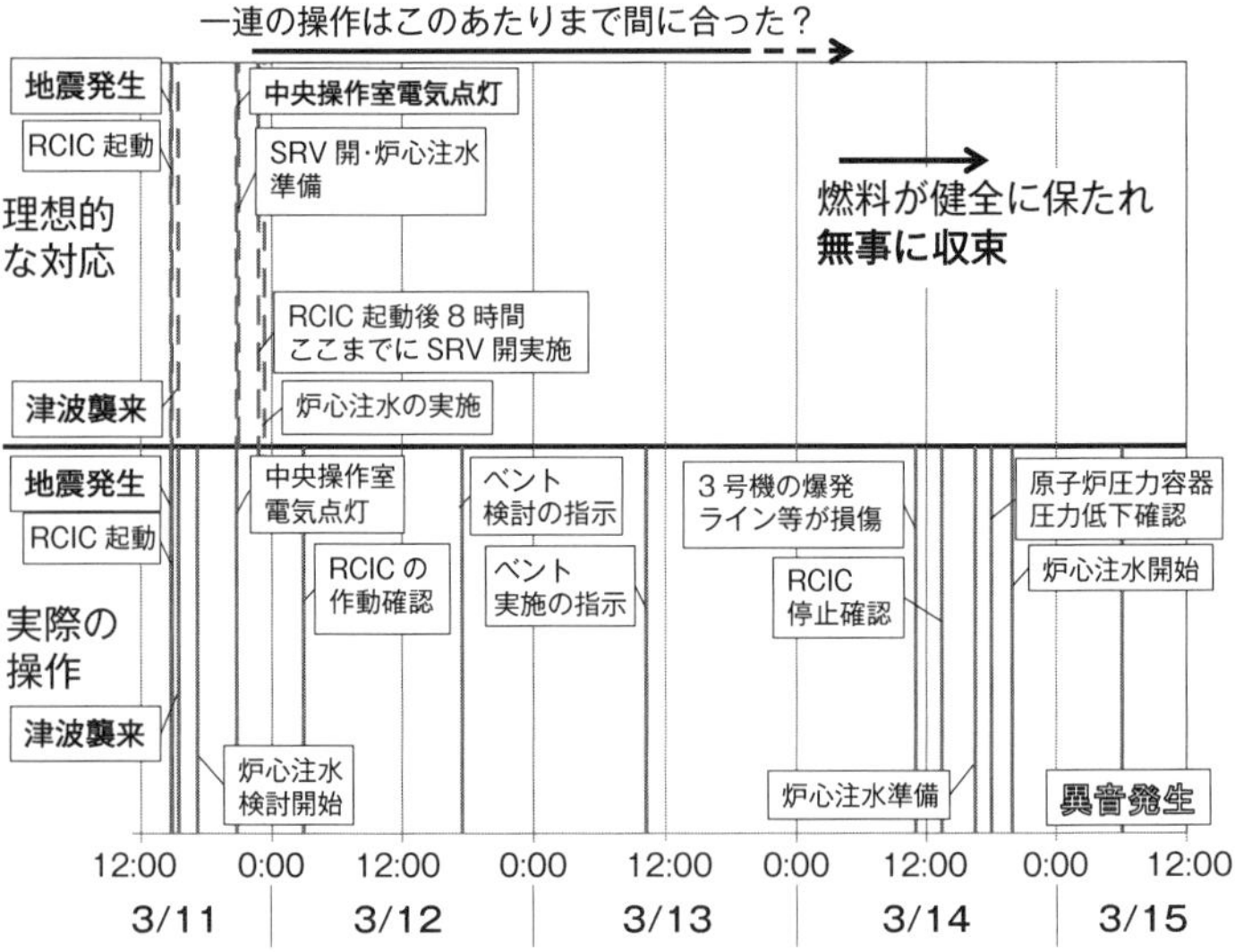

図 3-9　2号機の実際の操作と事故を防げた可能性

大きなインパクトが格納容器にあったことは一目瞭然です（図3-8参照）。格納容器ベント用のラプチャーディスクを含む隔離弁等のバルブ類は1、3号機のベント時でも、容易に作動していない教訓から、このことが伝わっていれば、RCICが作動していて燃料がまだ健全であった13日中に格納容器ベント・ラプチャーディスクの破壊作業を開始できたはずです。ここでも「個別号機と複数号機の状況を同時に確実に把握し、方針を伝える」対応になっていたのか疑問が残るところです。

3.3 3号機の事故対応評価

3号機は地震によるスクラム後、11日午後3時5分RCICを手動起動させ、午後3時25分水位高の信号による停止をしています。津波到達後の全交流電源喪失後も午後4時3分にRCICを手動起動させ、確実に運転継続させています。

ここでも重要な先を見越した対策の必要性

ただ、2号機のところで指摘したように、RCICは設計上、性能上の制限から、この時点でこのあと数時間~半日程度後の代替注入について具体的な検討を進めておくべきでした。

おおむね順調に推移してきた3号機は、12日の午前11時36分RCICトリップ後、午後12時36

分原子炉水位低でＨＰＣＩが自動起動していています。ＲＣＩＣの再起動はできませんでした。ＲＣＩＣは停止までに１日半程度は運転されていたことになり、本来設計で考えられていた以上の機能を十分発揮していたことになります。

この状態で流量の大きいＨＰＣＩを起動すれば、比較的短期間にＨＰＣＩが機能喪失に至ることは容易に推定できます。しかし、ＨＰＣＩがこのとき原子炉に残っている少ない蒸気量でもうまく作動して、原子炉内に注水できていたと仮定しても、13日午前2時42分ＨＰＣＩ停止後、消火系を使った注水まで、3号機でもこの間6時間半程度は全く炉心に注水できていないことになります。

これは大きな燃料損傷、溶融に十分な時

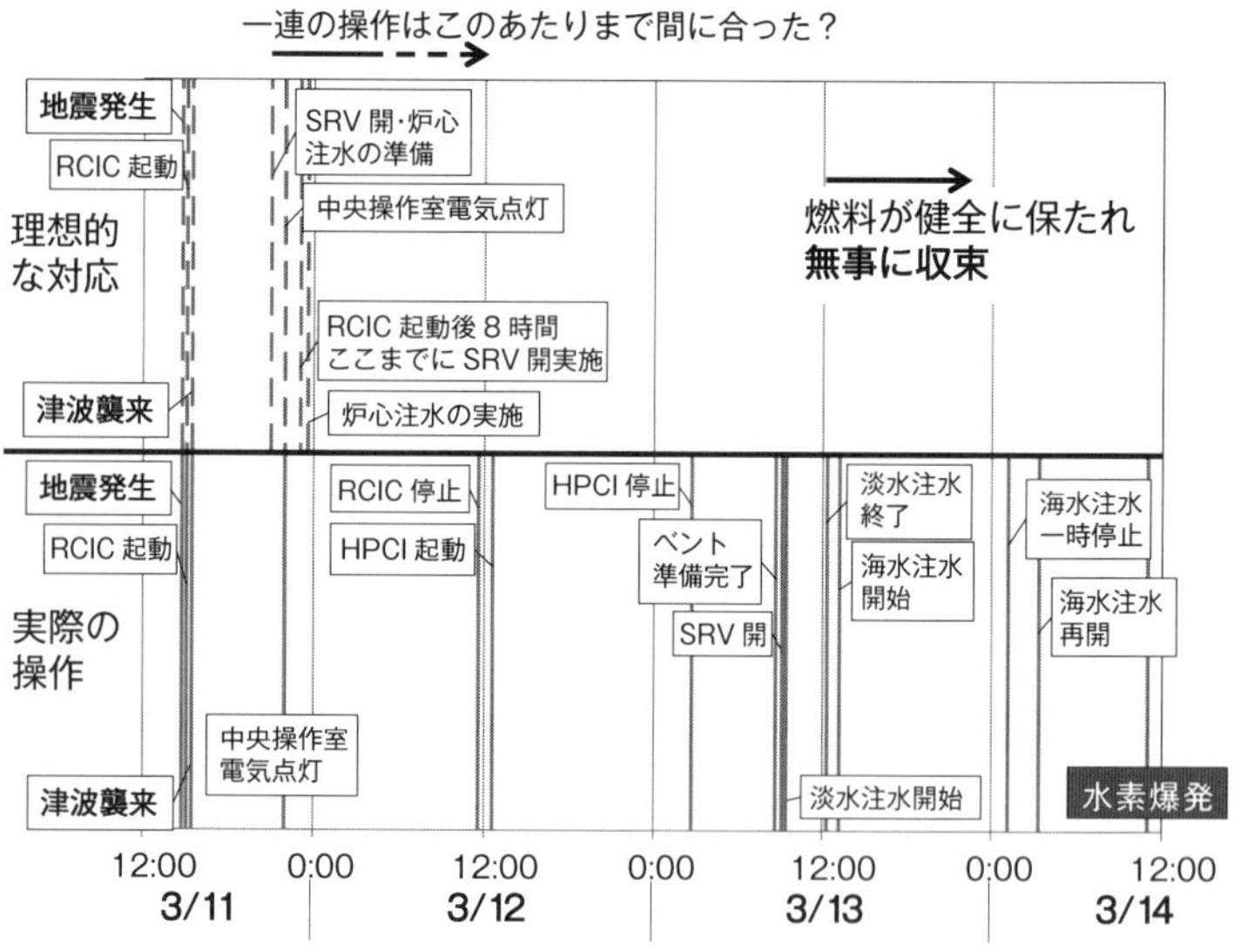

図 3-10　3 号機の実際の操作と事故を防げた可能性

用語のひとくちメモ　その 10

高圧注水系（HPCI）系統図　1~3 号機

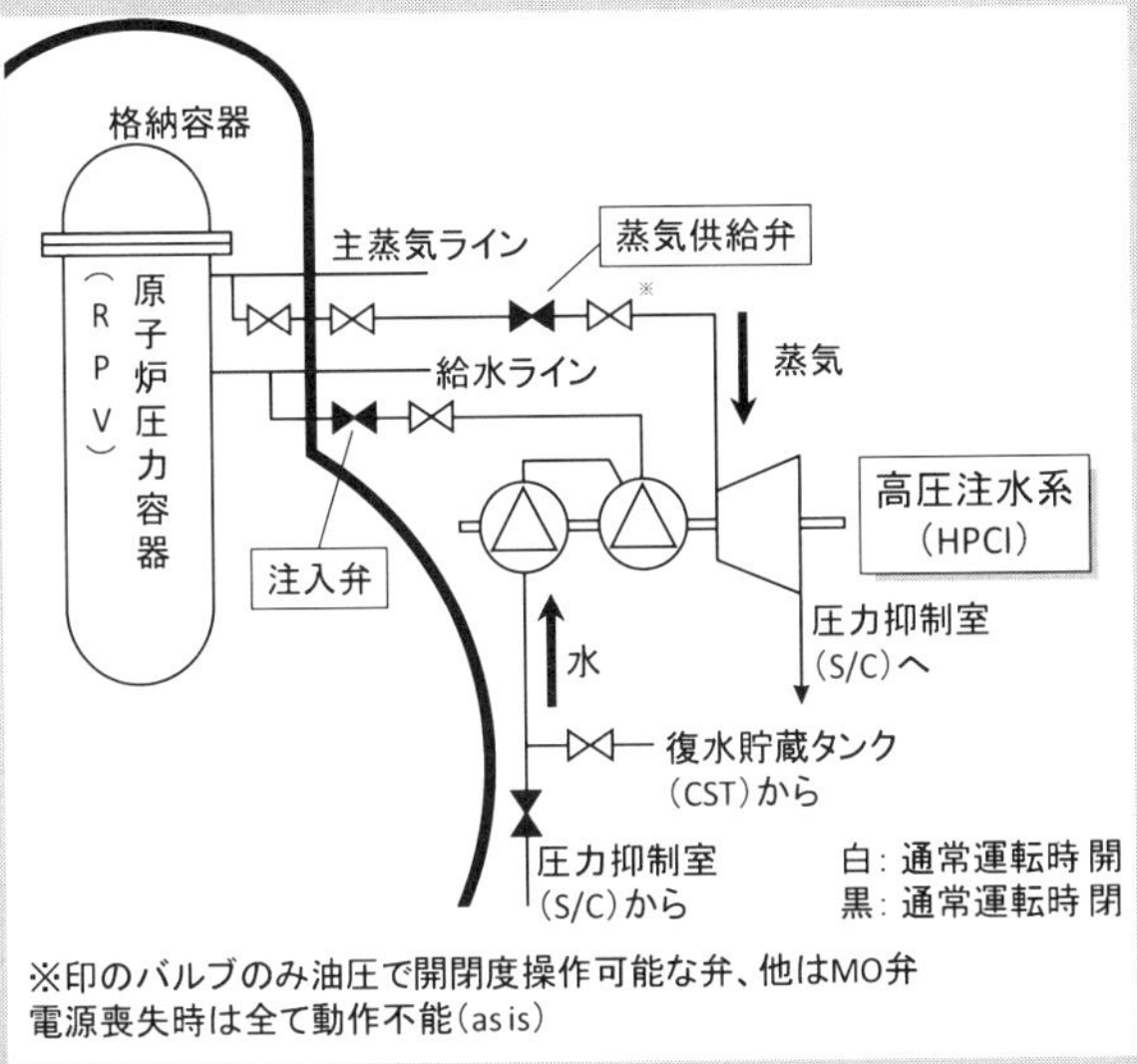

HPCI は他の非常用炉心冷却系と異なり，原子炉の蒸気を用いてタービンを回すことにより注水する系統です。

直接交流電源を動力源としない特徴をもちます。また中小配管破断時，原子炉の圧力が下がらないときでも高圧で炉心注水できる系統です。系統流量は前述の RCIC の 10 倍程度の容量をもち，プラントが停止しているとき蒸気を大量に使うため利用可能な時間が限定されることに留意する必要があります。本系統も蒸気供給弁，注入弁を手動開にすることにより動作することが期待されます。

間です。13日の1日の海水注水量は390tと記録されていますが間に合わず、14日午前11時1分原子炉建屋にて水素爆発が発生しました。

この間、限られた手段による様々な工夫を試みたことは理解できますが、数時間の注水不能時間を作るのは理解に苦しむところです。2号機と同様RCICが作動していて燃料がまだ健全であった12日中に格納容器ベントを開始し、代替注入を開始する試みがされるべきでした。もちろんこの時点でのベントは代替注入（海水を用いてもよい）の準備が整っていることが条件になります。

2、3号機の代替注入の遅れについては、今後十分な検証が求められるところです。

3.4 上記以外の時期の圧力容器、格納容器内圧、温度等の大きな変動

上記の時期以降に経験した比較的大きな変動としては、3月20日前後に1号機と3号機で起きた圧力・温度の変動があります。また1号機は3月28〜29日にかけての給水ノズル、安全弁排気温度の上昇があり、3号機は4月の後半から5月前半の1〜2週間にわたる給水ノズル、圧力容器下部温度上昇が見られます（**図3-11**、**3-12** 参照）。

このうち、3月20〜21日前後の変動が、関東地方に与えた放射線量との関係は十分な検証が必要でしょう。この期間（〜21日）南向きの風（北風）が吹いていたとの情報（**図3-13** 参照）も

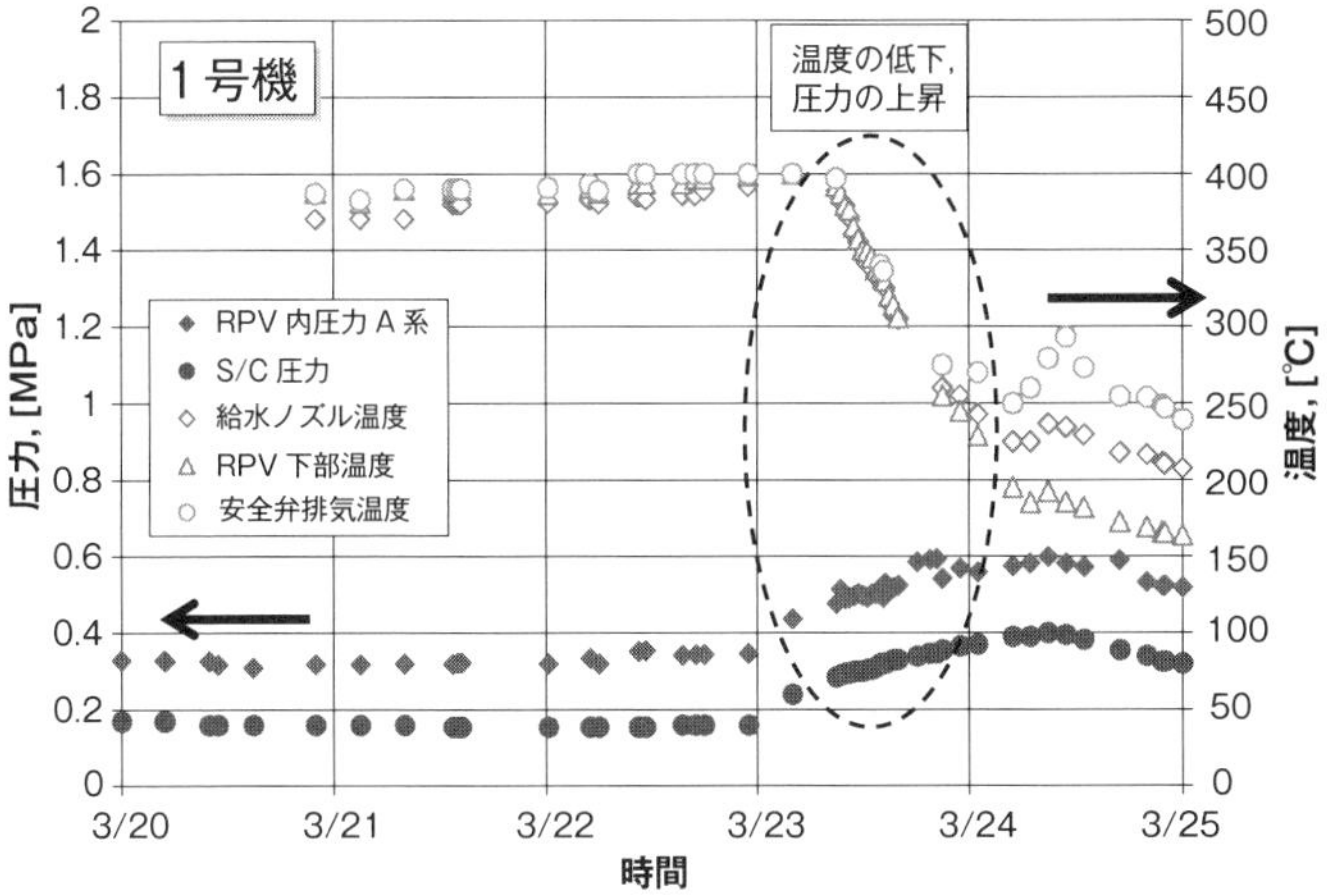

図 3-11　3 月 20 ～ 24 日の 1 号機温度・圧力変化

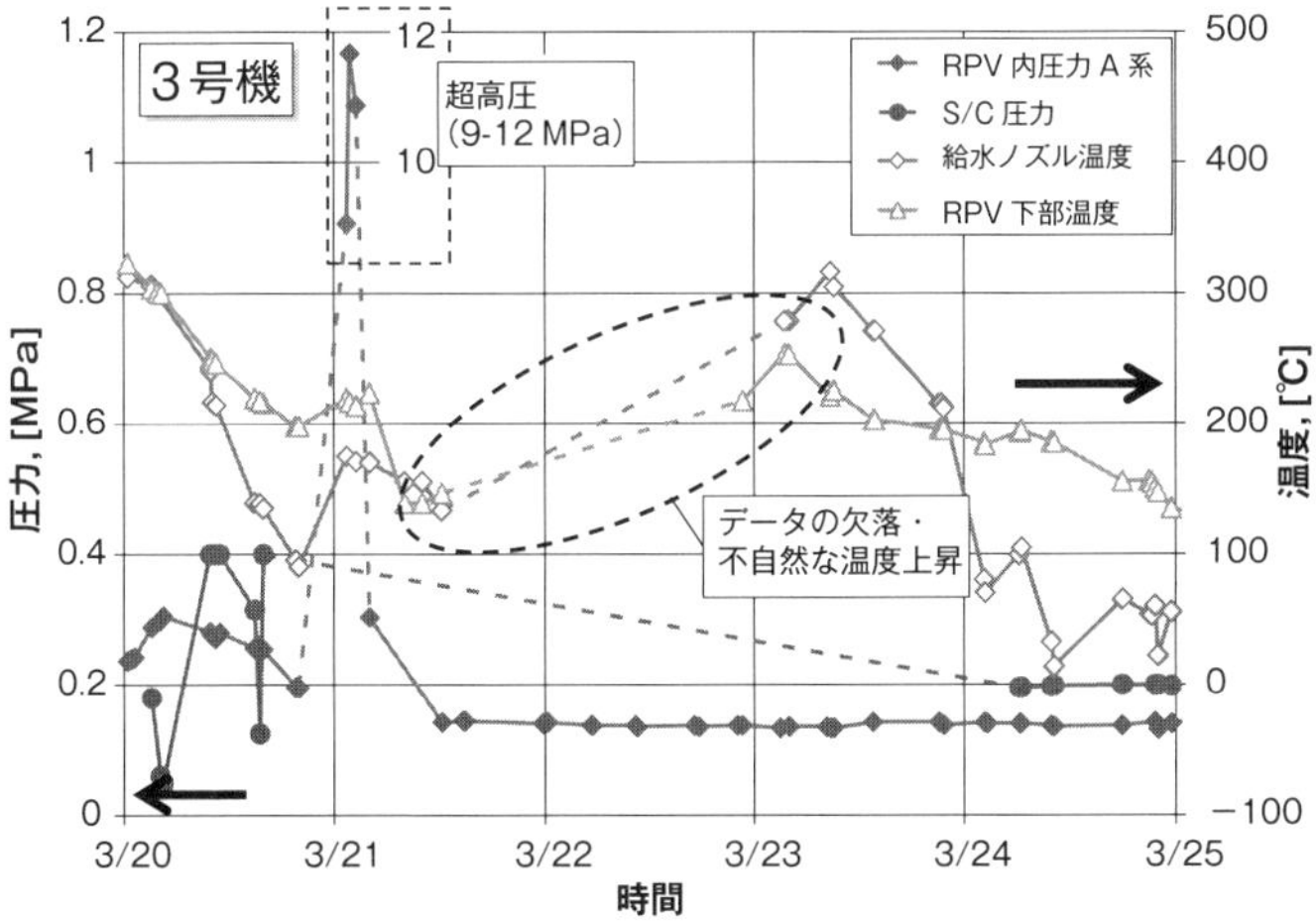

図 3-12　3 月 20 ～ 24 日の 3 号機温度・圧力変化

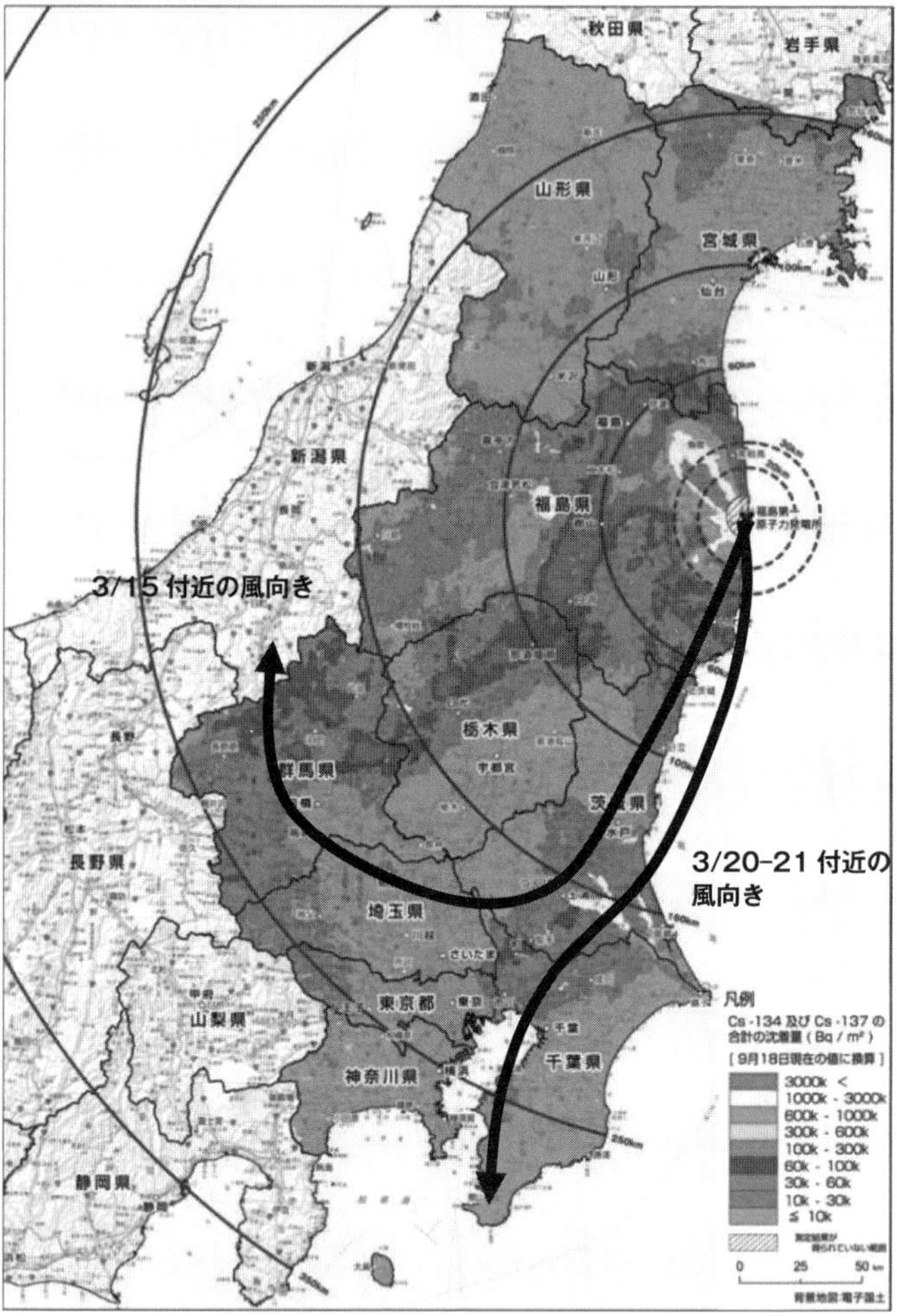

図 3-13　文部科学省による東京都及び神奈川県の航空機モニタリングの測定結果。地表面へのセシウム 134, 137 の沈着量の合計（口絵参照）
http://radioactivity.mext.go.jp/ja/1910/2011/10/1910_100601.pdf
に風向きの情報を追加

あり、操作との関連が重要となります。

3月20日前後の1号機と3号機の現象は、いずれも現場作業としては炉心への代替注入ラインの流量計の本設化を実施した時期になっています（図3-14参照）。この時期、炉内への注水量は、炉心冷却上特に重要なパラメータでしたが、1号機と3号機とも注水量は3～4日にわたりそれぞれ約2t/hと1t/hで、この量は炉心冷却に必要な注水としては明らかに不足しています（その後事業者はこの注入量を変更、十分な注水が行われていたと訂正しています。しかし図3-11、3-12のようなプロセス量の変化が、十分な注水がありながらなぜ起きたのかという説明はありません）。

このような作業をこの時期に1、3号機ほぼ同時に行う必要があったかどうか、具体的

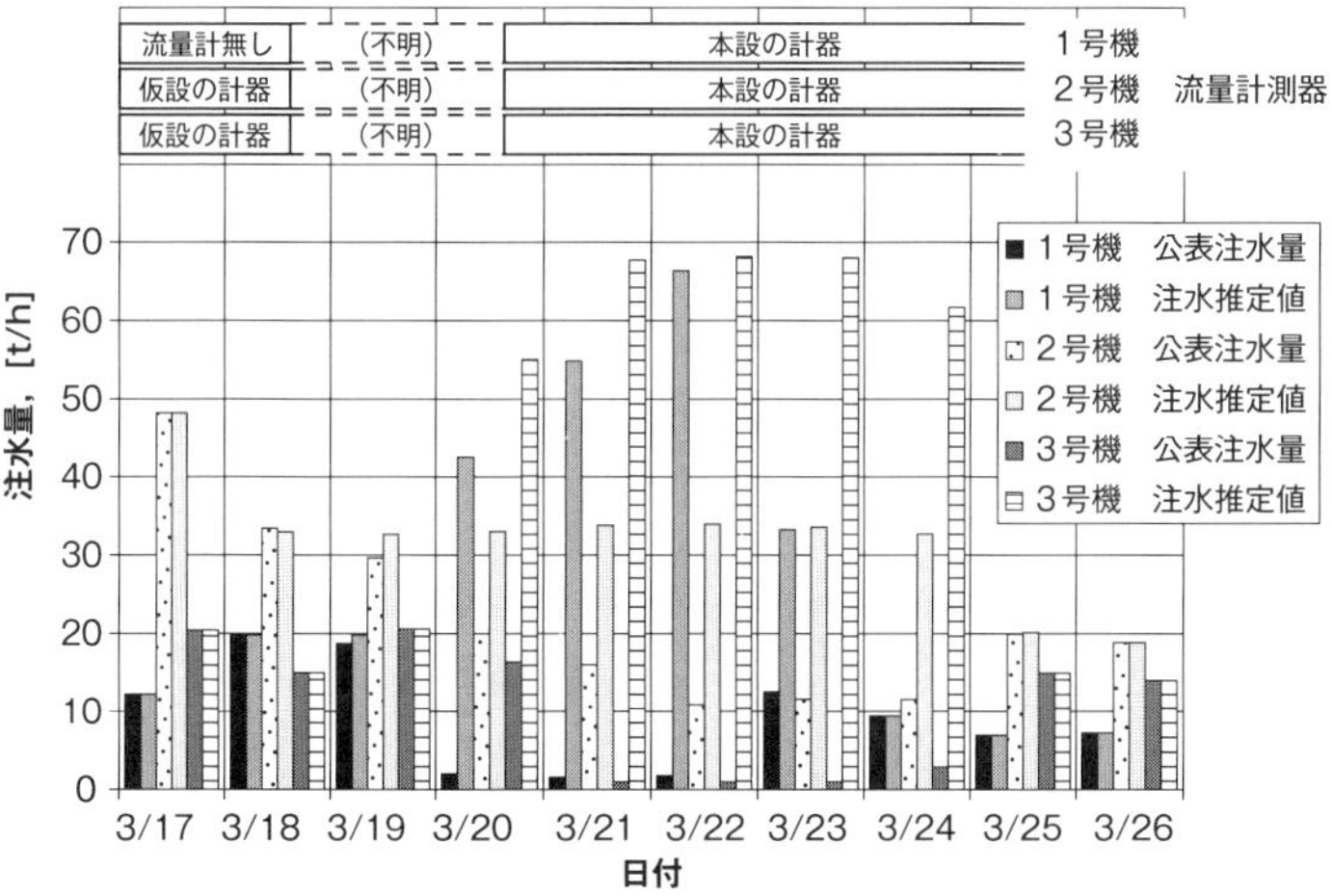

図 3-14　公表値と東電推定値の注水量の違い

上の流量計測機に関しては東京電力発表「プラント関連パラメータ」による

な手順はどうであったかは十分な検証が必要です。1、3号機とも原子炉圧力、炉内温度、格納容器圧力等はいずれも大きく変動していますが、その変動時の詳細データは十分残っているわけではありません。

ここでは給水ノズル温度、圧力容器下部温度は300℃を大きく超える上昇の後100~200℃への低下がみられ、特にこの二つの温度上昇、低下現象は短時間に著しいものがあります。注水の不足が著しく、圧力容器内の水が短時間に急速に蒸発し圧力上昇を引き起こし、SRVまたは安全弁の作動があり圧力は低下したものと考えられます。このあとしばらく注水の著しい不足が続き、損傷、溶融した燃料の温度が急上昇し、下部格子板の上部にあった燃料の一部または大半が下部格子板以下に落下した可能性や、これに伴い一部圧力容器下部にあった溶融燃料がリーク部を通じて格納容器側に移行した可能性も考えられます。

このため、この時期の発電所からの放射性物質の放出について、周辺環境や首都圏の線量率等の関連を確認しておく必要があります（この事象は20日~22日頃のもので、24日~26日にかけて給水量は冷却に十分な量に復帰、各パラメータも一応の安定をみています）。

3.5 事故対応の総合的評価

ここでは、以上述べてきた各号機の事故対応、アクシデントマネジメント、またそれらを機能させるための組織の関連等について述べます。

① 地震、津波直後から半日程度までの時期

地震、津波直後から半日程度までの時期に、特に重要と考えるべき事象、およびそれに伴い行われるべき重要判断は、以下のものが考えられます。

まず地震、津波により一部の直流電源を除き全ての交流電源が喪失したこと、海水系すべての系統が（非常用の電源であるディーゼル発電機も含めて）津波により使えなくなったことにより、原子力発電所の余剰の熱を海水に伝えていたルートが全く使えなくなったこと（最終ヒートシンク喪失と言います）です。そしてこのことを発電所所員に徹底することです。これは次の重大状況にあることを意味しています。すなわち（復旧に数日以上要することが明らかであるから）通常の手順では対応しきれないという認識の共有化が大切です。そしてそれに関連して行われるべき重要な判断基準は「燃料を大量破損させないこと」です。難しい状況ですが、そのために考えられる以下の対応のいくつかを確実に実施していく必要があります。

○数時間の間の緊急的、短期的炉内注水・炉心減圧の具体案の決定（注入箇所、水源、ルート、電源等、特にＩＣ（1号機）、ＳＲＶ、ＲＣＩＣ、ＨＰＣＩ等（手動操作を含む））

○発電所内の淡水の総量の確認、海水注入の可能性の検討

○上記具体的対策案の優先順位付け（一つが失敗した時の次の手の準備）
○ヒートシンクの確保と共に、減圧の効果がない場合の追加・代替手段としての格納容器ベントの早期実施
○ある号機の重要な出来事は同様のことが必ず他号機でも起きるという認識

そしてこれらは、迅速でかつ重要判断を伴うので、サイトの技術トップによる、事業者本社技術トップへの、上記内容の判断根拠の説明・説得、次段階への発展の可能性を迅速に説明するとともに、通常の手順では対応しきれない緊急事態という認識、複数機同時発生の事故であることの認識（同じ重大事象が複数号機で同時期に起こりうること）を共有することが不可欠です。この時点では、必ずしも文書による確認でなくてもよいでしょう。この点でも前述のように、主要メンバーによる特別検討チームの設置が不可欠でした。

この時点では、国（安全委員会もここに含める）、規制当局に伝えるには本社からの第一報で十分でしょう。ただしそのためには、発電所サイトでは上述の緊急作業が適切に行われていることと、国・規制当局からの信頼確保が前提になります。

②地震、津波から半日〜1日程度までの時期

地震、津波から半日〜1日程度までの重要判断についてはどうでしょう。

まずこの時点で考えるべき事象、確認すべきことは次のことでしょう。

○発生から今までの1日程度、安定して炉心の冷却ができているか？
○そしてこの時点では、次の数日間の安定した炉心の冷却ができる手段はあるか？
○安定して炉心の冷却ができていない可能性があるのなら、放射性物質の大量放出を防ぐ手段はなにか
○複数機同時発生であることから、ある号機で発生したことは必ず別の号機でも同様な事象が再度おきると考えること

が最も重要な「燃料を大量破損させないこと」に対する回答です。本書では、すでにこのための方策として、本編3.1で述べたような早期の（燃料の破損前の）格納容器ベントを提案、提示してきました。

そのために関連して行われるべき重要判断は、①の時点に加えてもう一つ考えるべきです。それは

◎燃料を大量破損させないこと
◎上記に失敗した場合大量の放射性物質を放出させないこと

の二点です。

○RCIC、HPCIといった重要機器の機能喪失の時期が近いこと、そのため代替注入の準備を整え、いつでも注入に備えておくこと
代替注入には所内の淡水にかぎらず海水注入も準備しておくこと

ちょっと計算してみましょう　その4

格納容器内の水でいくらの水蒸気を凝縮できますか？

格納容器の形状は？

福島第一発電所1号機～3号機の格納容器はD/W(ドライウェル：原子炉運転時には窒素雰囲気で内部に原子炉圧力容器等が設置されている）とS/C(Suppression Chamber：トーラス形状の円環で，下部に原子炉圧力容器からの水蒸気を凝縮させる水が，上部には窒素と凝縮できなかった水蒸気が溜まる気相空間があります）から成ります。

今回の事故で，崩壊熱によって発生した水蒸気は原子炉から格納容器へは安全弁や逃し安全弁による蒸気放出でD/W，S/Cへ放出されましたが，1号機では当初は他にICによって凝縮水が原子炉に戻され，2,3号機ではRCIC，HPCIポンプの駆動源としても用いられました。格納容器の圧力が高いと，原子炉の圧力を下げることができなくなってしまいます。

S/C内の水によりどの位の崩壊熱を吸収できるのか？

まず，S/Cの水により崩壊熱により発生する水蒸気をどの位凝縮できるかを計算してみましょう。計算では，S/Cの水が40℃から100℃になるまでの水蒸気凝縮能力と，スクラム後崩壊熱によって発生する水蒸気量が全部S/C内の水によって凝縮するとし，それらの比較をします。

1号機でICにより凝縮したエネルギーは65900 MJとなります。そこで，時刻3月13日午後3時32分までに発生した水蒸気はICで凝縮されたとして，それ以降の水蒸気をS/Cで凝縮させるとして計算しましょう。1号機のS/C内の水量を2350 tとすると，40℃→100℃にするまでに5.87×10^5 MJのエネルギーを吸収します(水を40℃から100℃に加熱するエネルギーは417.5−167.7=249.8(kJ/kg)を使います)。IC停止時間以降でスクラム後からの

時間 t(時間) までに発生する崩壊熱を 5.87×10^5 MJ に等しいとして次式を作ります。ただし，崩壊熱は“ちょっと計算しましょう―その 2”の①と②式を適用します。1 号機の定格運転時熱出力は 1380 MWt とします。

$$1380\times3600\times\left[\int_{0.77}^{1}0.0156\,t^{-0.240}\,dt+\int_{1}^{t}0.0156\,t^{-0.259}\,dt\right]=587000$$

この式を解いて，$t=12.34$(h)→ 12 時間 20 分（スクラム後）となります。これは 3 月 12 日午前 3 時 6 分となります。その結果，IC での凝縮を考慮すると，S/C 内の水でスクラム後約 12 時間 20 分の間（3 月 12 日午前 3 時 6 分頃の時刻）に発生する崩壊熱を吸収できることになります。

2，3 号機の S/C 内の水量を 3272 t とすると，1 号機と同様にして，S/C 内の水を 40℃ → 100℃ にするまでに 8.17×10^5 MJ のエネルギーを吸収します（水を 40℃から 100℃に加熱するエネルギーは 417.5−167.7＝249.8(kJ/kg) を使います）。このエネルギーと等しい崩壊熱を計算します。崩壊熱は“ちょっと計算しましょう―その 2”の①と②式を適用します。2, 3 号機の定格運転時熱出力は 2381 MWt とします。

$$2381\times3600\times\left[\int_{0.001}^{1}0.0156\,t^{-0.240}\,dt+\int_{1}^{t}0.0156\,t^{-0.259}\,dt\right]=817000$$

この式より定積分を行ない，$t=7.744236$ h → 7 時間 45 分となります。このエネルギーは，スクラム後の崩壊熱 7 時間 45 分間（3 月 11 日午後 10 時 39 分頃）に発生するエネルギーに相当します。

以上の結果，S/C 内の圧力が増大するのは，1 号機では 3 月 12 日午前 3 時以降，2，3 号機では 3 月 11 日 22 時 10 分頃以降 S/C の水温が 100℃に達すると推定されますが，S/C の圧力は 100℃に達する前に凝縮できずに気相空間に達するものがあるとすると，S/C の圧力は前述より早く圧力増大します。また，崩壊熱で発生した水蒸気が D/W 内に放出される場合には，その分 S/C の圧力増大は前述の時刻以降にずれ込むことになります。

○減圧後の代替注入で崩壊熱が除熱できるか？の検討
○代替注入の炉心減圧には早い時期の格納容器ベントが不可欠であること
○早期のベントは発生する可能性のある水素対策にもなるだろうこと
等がその対象になるべきでしょう。
この時の重要判断は発生後数時間の時と違い、
○燃料を大量破損させないこと、
○放射性物質の大量放出を防ぐこと
と二つになるので、②放射性物質の大量放出を防ぐことについては、国、自治体の決断が不可欠になります。特にこの二つの判断は燃料を大量破損させないことができれば、放射性物質の大量放出を防ぐことにつながりますし、燃料を大量破損させてしまえば、放射性物質の大量放出につながってしまいます。

このため、燃料を大量破損させない重要な対応策即ち早期の格納容器ベントを、事業者経営層の判断をできるだけ早く行い、燃料の健全なうちの格納容器ベントを開始する旨国に情報伝達、ここまでで事態を終結させる強い意思表示、具体策の意見具申を行うことが不可欠でした。

③　地震、津波後、１日程度以降

地震、津波後、１日程度以降の重要判断

ここでは、②と同様の事象進展を考えて重要判断を考える必要がありますが、既に進行している事象を冷静に直視することが重要です。さらにその後の数日間の事象収束に向けた具体案を実施する時期になっています。

○発生から今までの１日程度、計画通り安定して炉心の冷却ができているか？
○次の数日間の安定した炉心の冷却ができる手段は準備し、いつでも使えるか？
○安定して炉心の冷却ができていない可能性があるのなら、放射性物質の大量放出を防ぐ具体的手段を考える
○複数機同時発生であることから、ある号機で発生したことは必ず別の号機でも同様な事象が再度発生すると考えること

そのために関連して行われるべき重要判断は、②の時点に加えてもう一つ考えるべきです。それは

○ＲＣＩＣ、ＨＰＣＩといった重要機器の機能喪失はいつでも間近で起ること

代替注入の準備を整え、いつでもＲＣＩＣと並行運転しておき、機能喪失に備えておくこと、代替注入には所内の淡水に限らず海水注入も準備しておくことです。また②の時点の検討結果はいつでも実施できるよう準備を完了しておくことが必要です。

○減圧後の代替注入で崩壊熱が除熱できるか？の検討結果の確認
○代替注入の炉心減圧にはSRV（自動減圧系等により炉圧を1 MPa以下に下げる）が不可欠であり、バッテリーの確認に加え、早い時期の格納容器ベントが不可欠であること（ラプチャーディスク破壊を含めて）
○早期のベントは発生する可能性のある水素対策にもなるだろうこと

ここまでくると、収束の可能性はある程度明確になっていると思われるので、これまでの各号機の炉心注水の状況確認や、注水が十分行われていない号機での燃料の大量破損・溶融に至る覚悟の伝達を早めに行う必要があります。燃料の大量破損後の格納容器ベントは、放射性物質の大量放出を招く可能性があるため、できるだけ早期の実施が必要であること等を国、規制当局、地元自治体（県、周辺市町村）へ伝えることが重要でしょう。これらの重要事項を伝えるための事業者内の意思決定、意思疎通は言うまでもないことです。

3.6 事故対応評価のまとめ

1. 事故対応評価の取りまとめ

かつてない厳しい発電所の事故環境でしたが、初期対応についてサイトトップ層、現場操作員、その間の中間管理層ともに意思疎通を欠く点がみられました。

外部電源喪失かつ津波による非常用電源喪失による全交流電源喪失、それによる海水への熱除去機能の喪失という共通要因による事象の発生状況では、何にもまして通常の手段では収束できないと理解すべきです。そしてそれを防ぐための具体的対策を図るよう実行すべきでした。

そのため、事故の早い時点で緊急事態宣言、アクシデントマネジメントへの移行を宣言すべきでした。

2. 1号機では初期の注水に失敗していて、その原因は常日頃からの緊急時対策の重要性認識に欠けた点でしょう。ICの機能を過大評価していた可能性もあります。この点は、操作員の問題と経営層の問題に分けて、十分議論していく必要があります。

前者はこのような重大な事故時に初期の注水の大切さを見落としたこと、後者は常日頃からこのようなアクシデントマネジメントの重要性を経営の立場から軽視していたことでしょう。

またサイトトップ層の問題は、本件の重要性、緊急性を全所員に徹底させ、特別の認識を持たないと事態を収束できないことを所内全員の共通認識にできなかったことでしょう。

3. 次に挙げられるのは、1号機で起きた事象を2、3号機で防ぐことができなかった点です。複数号機のプラントをもつサイトで共通の原因で起きた事象は、相互関係を除けば必ず他の号機でも起こりえます。原因が全交流電源喪失と海水系ヒートシンク喪失という共通の要因で起きているからです。

個別のプラント対応をきちんと実施することと、他号機の事象を早くつかみ、水平展開を同時に進めることを両立させる手立てを、事故直後から考えておく必要がありました。

4．他機関との関係を考えると概ね次のように言えるのではないでしょうか。

事故の起因事象の発生から数時間程度は、事態収束については事業者に任せるべきでしょう。この時間帯は、現場を知らない人たちが口を出すことは厳に慎むべきです。この間の行動、操作がその後の事態の進展を大きく左右するからです。

しかし、これは事業者と国との間に十分な信頼関係があって初めてできることです。常日頃からの信頼関係構築ができていたでしょうか？例えば、信頼関係構築のキーとなる様々な合同演習等の相互の意思疎通が定期的に行われていたでしょうか。本書では、シビアアクシデント対策にもっと国および事業者が真剣になっていて欲しかったことを指摘しておきます。

設備をしっかり作りなおすことは重要なことですが、それに頼りすぎると時間とお金がかかりすぎ、今回のように実効が伴わないことが起こります。

シビアアクシデント対策の基本は、ハードウェアの追加のみでなく、実効の上がるアクシデントマネジメントを一層充実させることであると考えます。それに伴う若干のハードウェアの改良も当然必要です。

特に本書は、深層防護の第五の層において、フェーズⅠのアクシデントマネジメントで炉心、燃料の大量の損傷を防ぐことを徹底するという深層防護の基本を忘れた規制側の無理解、怠慢があったことを強く指摘しておきます。ただこのことは、事業者側のアクシデントマネジメントに対する無理解を正当化するものではないことも付け加えておきます。

アクシデントマネジメントは、本来事業者の責任で行うべきことだと考えますが、それを統括監督する国は何を指導したのでしょうか。4編で述べるように、フェーズⅠのアクシデントマネジメントが充実していれば、燃料の大量の破損、溶融に至らない事象の進展もありえたと考えるからです。

5.

さらに言えば、事業者の中に、もうこれ以上技術的に深い検討を進めることはないと考えていた節はないでしょうか。原子力の安全を本当に考える技術者を育てる必要性を軽く考えていたことはないでしょうか。

福島第一の初期の運転員は使命感に燃え、米国GE社の研修を受けてきました。この人たちの中には決して高学歴ではないけれど、慣れない英語の研修を受け、プラントの核熱特性の理論的な面と操作を感覚的に関連付けて進めることのできる人たちが何人かいました。例えば今回の事象に彼らが出会っていたとしたら、まずどうやって初期の注水を行い、その後の数時間~半日の中期的な注水をどうしようかと即座に考えられる人達でした。この人達はこのあとの対応に失敗すると大変なことになると感じただろうと思うのです。そして具体的にその内容を指示ができる人たちでした。

一方、歴代の現場の発電所長、発電部長には原子炉主任技術者といった理論的にも詳しい責任者もいたものでした。この人たちが今回のような場合どのくらい役に立ったは分かりませんが、技術を重要視するという態度は薄れていったのではないでしょうか。いつの間にか現場の所長は、事務系の人の職場にもなりつつありました。県、周辺市町村との意思疎通がより一層重要と考えられてきたのでしょう。技術に詳しい人でなくても務まる職場に代わって行きました。

このような、いわば現場の技術的経験豊かな人たちの処遇はどうだったのでしょう。特に現場に直結した技術を感覚的に持った人たちは、その経験を若い人たちに伝える機会を十分には与えられず、退職していったと聞いています。何らかの形でこのような技術を持った人たちの何人かを処遇し、事業者内部で責任もった仕事の重要性を伝え残す工夫があってしかるべきだったと考えます。

さらに経営層に残り、安全のリーダーとなるべき人たちの意識はどうだったのでしょう。原子力発電所も普通の会社の一つの部門で、特別なことは必要ないという考えが蔓延していなかったでしょうか。

たまたま新潟で起きた地震に関する報告書が2011年3月上旬に国に報告されたとのことです。この中で新潟並みの規模の地震が太平洋側で発生したとしたら、10mを超える津波となる可能性があると評価されているとの報道がありました。本書では、このような評価結果を報告書に記載するのであれば、それに対応するアクシデントマネジメントを一応検討しておくべきであったと強く指摘しておきます。

ハードウェアでないソフトウェアの対策検討の重要性は、いざという時の非常に重要な道標となると考えるからです（少しでも検討してあれば、サイト幹部・運転員の判断に大きな寄与が可能であったと理解しています）、

5は今回の事故の直接的な問題というより、このような事故に対し無抵抗に事故拡大を許した直接的ではないかもしれないけれど、大きな遠因がこのような一見重要視されない歴史や事柄の中にあったと思われますので、強く指摘しておきます。

4編

原子力発電所の安全性と再起動

4編は、3編で述べた原子力の安全の考え方に基づいた対応がとれたのか、取れなかったとしたらどこに問題があったのかを中心に考察を加え、その上で国内の原子力発電所の再起動について考えています。もちろん設備的な制約があったことは間違いないのですが、その中で短期的な運転操作や中長期的な運転操作についても十分評価する必要があります。短期的には原子炉内に注水をすること、中長期的には系外への除熱をどう実現するかに尽きます。困難な中でこれをどう実施するかが、現場の責任者に求められます。

本編の「起こりえた別のシナリオ例」では今回のような困難な状況で、何かを達成しようと現場の責任者や運転員がどのようなことが可能だったのか、現実になぜできなかったのかを考えています。このことが今後の設備設計や運転操作手順、アクシデントマネジメントの改善につながると考えたからです。そして簡単な手計算を中心に展開してきた本書の中で、唯一計算コードを用い詳細な計算結果を示しています。本計算では事故発生数時間後の格納容器ベントが、系外への熱除去機能とその後の注水機能確保にとって大変有効であることを示しています。

本編では、各原子力発電所の再起動に向けた考え方を示していますが、その判断基準として「フェーズIアクシデントマネジメントにより炉心燃料の大きな損傷を防ぐ事が出来る」を提示しています。この考え方はこれまで述べた設備の改良、手順書類の改良によって十分達成可能であると考えます。そして本書のこれまでの検討をもとに、一層の安全確保に資するように「再起動に向けた提言」と「今原子力研究者、技術者にできること」を整理し、まとめています。

1章　今後の原子力発電所の一層の安全確保に向けて

3編までに述べてきた様々な点を整理してみると、今回の福島第一の事故の場合でも、必ずしも今回のような経過を示すことなく、別の着地点がありえたのではないかと考えられます。そこで、本章ではその点を中心に考えていきます。

1.1　起こりえた別のシナリオの例

まず、今まで述べてきた点をもとに、別に起こりえたシナリオを考えてみましょう。

津波が到達した時点

時間を3月11日午後3時35分津波の第二波が到達した時点に戻してみましょう。

この時点で海水ポンプがすべて使用不能となり、非常用D／G（ディーゼル発電機）もまた使用できない、全交流電源喪失となりました。海水への余剰の熱を放出することができないことを意味します。このような状態では、運転員にとってまず原子炉に注水し冷やすことが最も優先させるべきことになります。ここでは、かろうじて残っている直流電源や手動で動かせる弁等をすべて利用し、運転中の全プラントを安全に停止・冷却することを最優先に考える必要があります。

地震発生後運転中の全プラントは、地震加速度大信号により、すなわち、地震の揺れを感知して安全に停止したことは確認されています。その後、津波によりすべての海水ポンプが海水をかぶり、非常用D／Gが使用できなくなり、海水を通じた原子炉からの熱除去ができなくなりました。

確実な原子炉への注水

ここですぐ考えなければならないことは、原子炉に確実に水をいれることと、そのための具体的手段をどうするかということです。

この時点では電源がなく、炉心の残留熱が大きいため、当面の数時間〜半日は発電所が本来もっている設備のＩＣ、ＲＣＩＣ、ＨＰＣＩの注水機能に頼るしかありません。この三つの系統は、蒸気駆動のため交流電源がなくとも停止直後の原子炉に注水する能力を十分にもっています。場合によっては、手動で起動することも考えなくてはなりません。

しかし、これらの機器はいずれも数時間から半日程度で機能喪失することになります。注水する動力源の蒸気が少なくなるためです。

2、3号機は、RCICが手動で起動できましたので、しばらくは時間的に余裕が取れます。1号機は、継続的に注水可能なHPCIを第一優先に選択したいところです。しかし2、3号機のRCICにくらべ相対的に流量が大きいので、注水可能時間は短くなることに注意が必要となります。もちろんHPCIではなく、ICを連続的に用い注水、減圧に注意して冷却していく方法もあります。また直流電源が使用できない場合は、手動で現場のバルブを開操作する必要があるかもしれません。この場合HPCI、IC起動できる方ならどちらでもよいと思いますが、バルブを開ければ容易に作動するICの方を選択したくなります（事実11日午後6時の時点では隔離用の出口弁を手動で開けて蒸気が出たことを確認しています）。

次の注水機能の確保

このようにして1～3号機とも初期の注水ができたとすると、1～3号機共通の問題、すなわちHPCI、RCICまたはICの機能喪失後（数時間～半日後）の対策を同時に解決しなければならないことがわかります。

このため、サイト-本店間で現在の注水、減圧に注意しつつ、中期の冷却の検討を進めるワーキンググループを緊急に作り検討を開始し、一方サイトの事故対応グループは、個別号機と三つの号機に共通の事象に注意しながら1号機はIC（またはHPCI）を、2、3号機はRCICによる冷却が順調か、様々なデータ収集と収集不能なデータを選別しつつ、各号機の状況を推定しながら検討を進めます。各号機とも順調に注水がされているようだという確認が特に重要です。

これであっという間に数時間〜半日は過ぎてしまいます。しかし対策本部はワーキンググループからの検討結果を得て、先に述べた次の注水、減圧方法による冷却を決定・実行に移さなければなりません。いまだに交流電源の復旧のめどは立たっていません。

海水以外のヒートシンクの利用と注水のための水の確保

海水系は津波により壊滅状態です。海以外のヒートシンクはあるでしょうか？熱を原子炉から別の体系に逃がしてやれれば、最近緊急時用に改良・増強した消火系、または海水の注水を利用して数日間の冷却も可能となるかもしれません。消防用のD／G駆動のポンプも何とか利用できそうですし、こうなると数時間後に必要となるヒートシンクとして利用できるものは大気しかないだろうと気が付きます。すなわち格納容器ベントを行うことで大気をヒートシンクとして使うのです。

概略計算によれば、半日程度後の崩壊熱の発生量は格納容器ベントにより放出される熱量とバランスするという計算結果があります（ちょっと計算してみましょう——その5参照）。つまり、崩壊熱の大きい初期の期間は、何としても発電所設備の本来の機器で半日程度時間を稼ぎ、その後格納容器ベントによる除熱・減圧に頼って冷却するしかないことがわかります。

注水用の水も、発電所内での配分を考えながら進める必要があります。格納容器ベントを行うと、冷却水が蒸気となって大気中に逃げてしまうので、この除熱、減圧を行う場合は、逃げていく水の代わりに炉心に注入する水をきちんと確保する必要があります。もちろん最悪は海水注入に頼る必要があります。しかしここまで半日以内に手を打って、各号機共注水、減圧に成功していれば、大きな燃料破損は起きないだろうといえます。そのためのキー判断はHPCI、RCICまたはICによる注水が続いているうちの「早期の格納容器ベント」の実施ということになります。

格納容器ベント＋SRVによる減圧＋冷却水注入の勧め

津波後数時間から半日後に、「格納容器ベント＋SRVによる減圧＋淡水（または海水）注入」するこの方法は、SRVまたは緊急時用に設けた自動減圧系が働いて、原子炉の圧力を1MPa程度まで下げることが前提になります。

記録によれば、1号機は午後8時49分には中央制御室に電気がついていたのですから、原子炉への注水の重要性を理解し、ICを動作させていたら、バッテリーを利用したSRVによる減圧操作が可能であったはずです。この状況は、発電所で利用可能な淡水がある限り可能なので、水

ちょっと計算してみましょう　その5

3号機格納容器ベントによる放熱量はいくらか？

3号機の格納容器からのベントデータ

3号機は格納容器圧力が設計圧力を超えた状態で格納容器ベントが行なわれました。ここで，格納容器ベントによる放熱量について評価しましょう。3号機の炉心出力と格納容器容積を右の表に記します。

付表1　3号機の出力と格納容器容積

定格運転時炉熱出力	2,380 MWt
原子炉格納容器形式	Mark-1
D/W 容積	4,898.6 m^3
S/C 容積	6,595 m^3
S/C 気相空間容積	3,297.5 m^3

3号機格納容器ベントの結果を**図その5-1**に示します。ベントデータはD/WとS/Cの圧力で示してあります。ベントにより圧力が低下し始めた3月13日午前9時22分から25分間の結果を用います（図その5-1の近似曲線範囲）。

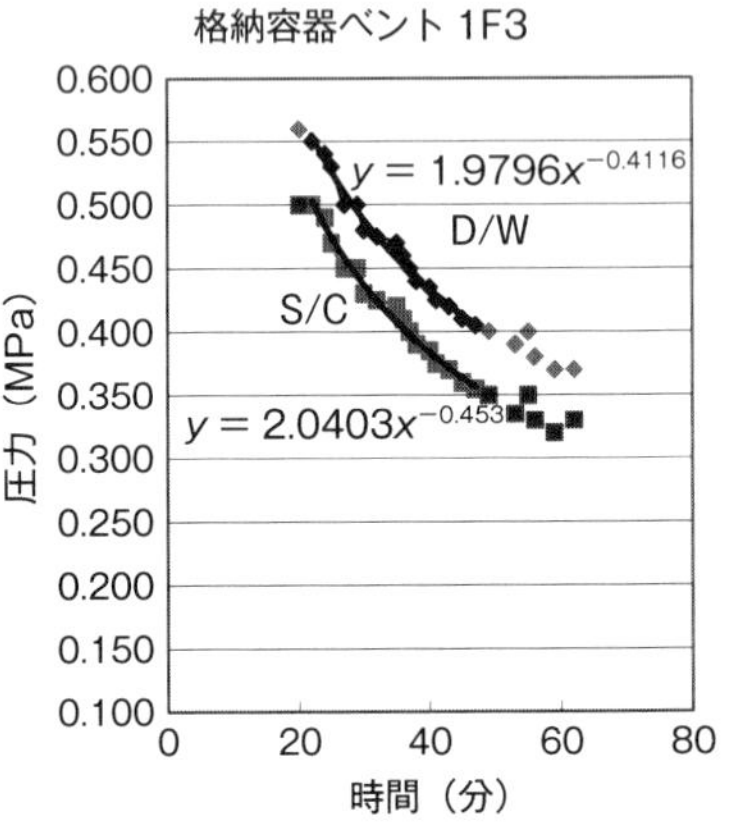

図その 5-1　1F3 格納容器ベントデータ

格納容器ベントによるエネルギー放出量はいくらか？

計算対象とする時刻①：3月13日午前9時22分（図その5-1の横軸22分）から時刻②：3月13日午前9時47分（図その5-1の横軸47分）の25分間に放出された水蒸気は，時刻①と時刻②における格納容器内蒸気量の差と崩壊熱により発生する蒸気量の合計として計算します。ただし，原子炉運転中は格納容器内には窒素が封入されていますが，格納容器ベント時に放出される窒素はエネルギ一放出計算に含めないものとします。

S/C 内での時刻①と時刻②の水蒸気量の差は 2064 kg（＝時刻①の内臓蒸気量 7133 kg－時刻②の内臓蒸気量 5069 kg）で，この流体量の 100℃における水蒸気と水とのエネルギー差は 4657 MJ となります（0.1 MPa 時の蒸発潜熱は 2256.5 kJ/kg）。同様にして D/W からも 2959 kg の水蒸気が放出され（11829.6 kg－8870.9 kg），100℃の水蒸気と水とのエネルギー差は 6676 MJ になります。その結果，格納容器全体では 1.13×10^4 MJ となり，これが 25 分間で放出されましたので，7.55 MW の発生熱量に相当します（MJ 値は MW 値に時間（秒）を乗じたものです）。

一方，この間に炉心で崩壊熱によって発生して格納容器に流入するエネルギー量 E は，崩壊熱は“ちょっと計算をしてみましょうその 2”の②式を使って求めます。3 号機の定格運転時熱出力は 2381 MWt とします。

$$E=2381\times3600\int_{426}^{43.017}0.0156\,t^{-0.250}\,dt$$

この定積分を行ない，$E=2.1074\times10^4$ MJ で 14.05 MW 相当になります。

14.05 MW 相当ですので，この 25 分間に格納容器全体から放出されたエネルギー量は合計で 21.6 MW の熱発生量に相当します。

この結果，この時期に格納容器ベントにて放出できるエネルギーは，この時期の崩壊熱の約 1.54 倍となります。また，21.6 MW の発生熱量は，3 号機のスクラム後約 8 時間経過後の崩壊熱量に相当します。つまり，スクラム後 8 時間以降に格納容器ベントを行なえば，少なくても格納容器圧力を設計圧力以下にできることを示しています。

源であるろ過水系の早期の復旧があれば数日間は継続可能で、その間に仮設電源の復旧、必要な仮設配管の取り付け等最小限の対策は可能であったと思われます。数日後にはこの仮設電源、仮設配管対策によりもう少し長期の冷却の目途も付けられると思います（同時に利用可能な淡水の総量を確実に把握し、各号機への分配について検討しておく必要があり。足りなければ海水注入の選択肢を見据える必要があります。この場合、海水を用いた炉心はその後使用できなくなる可能性が高いと言えます。したがってサイト内の淡水の確保といったアクシデントマネジメントも重要となります）。

今回の事故の別の形の収束にむけて

このようにして、かなり難しい道筋の選択ではありますが、全交流電源喪失に加え海水のヒートシンク喪失という大事故を、数日間は曲がりなりにも大きな燃料破損もなく収束できる見込みが得られました。そのイメージを1～3号機それぞれについて**図4-1～図4-3**に示します。

最も難しい決断は、発電所本来の設備、機器が機能しているうちの「早期の格納容器ベント」と「SRVによる減圧」であったことは言うまでもありません。次に重要なことは、崩壊熱がかなり大きい事故直後数時間は、非常用炉心冷却系（ECCS）または隔離時冷却系等の本来発電所に備えられた設備を利用し、確実に注水をし、それを確認することです。

これらを確実に実施するためには、今後、全交流電源の強化に加え多様化した仮設電源の常

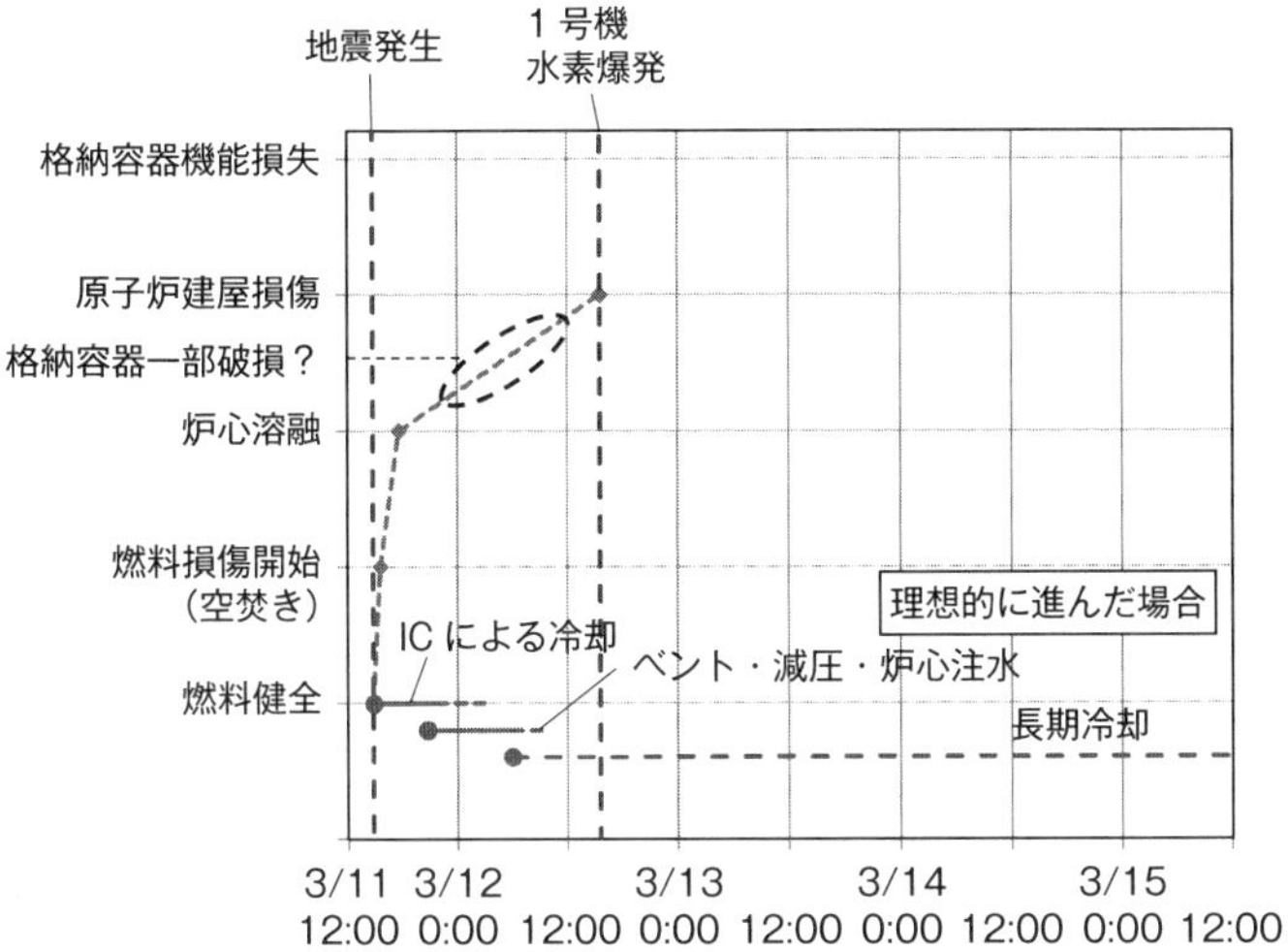

図 4-1　理想的に進んだ場合の 1 号機事象進展

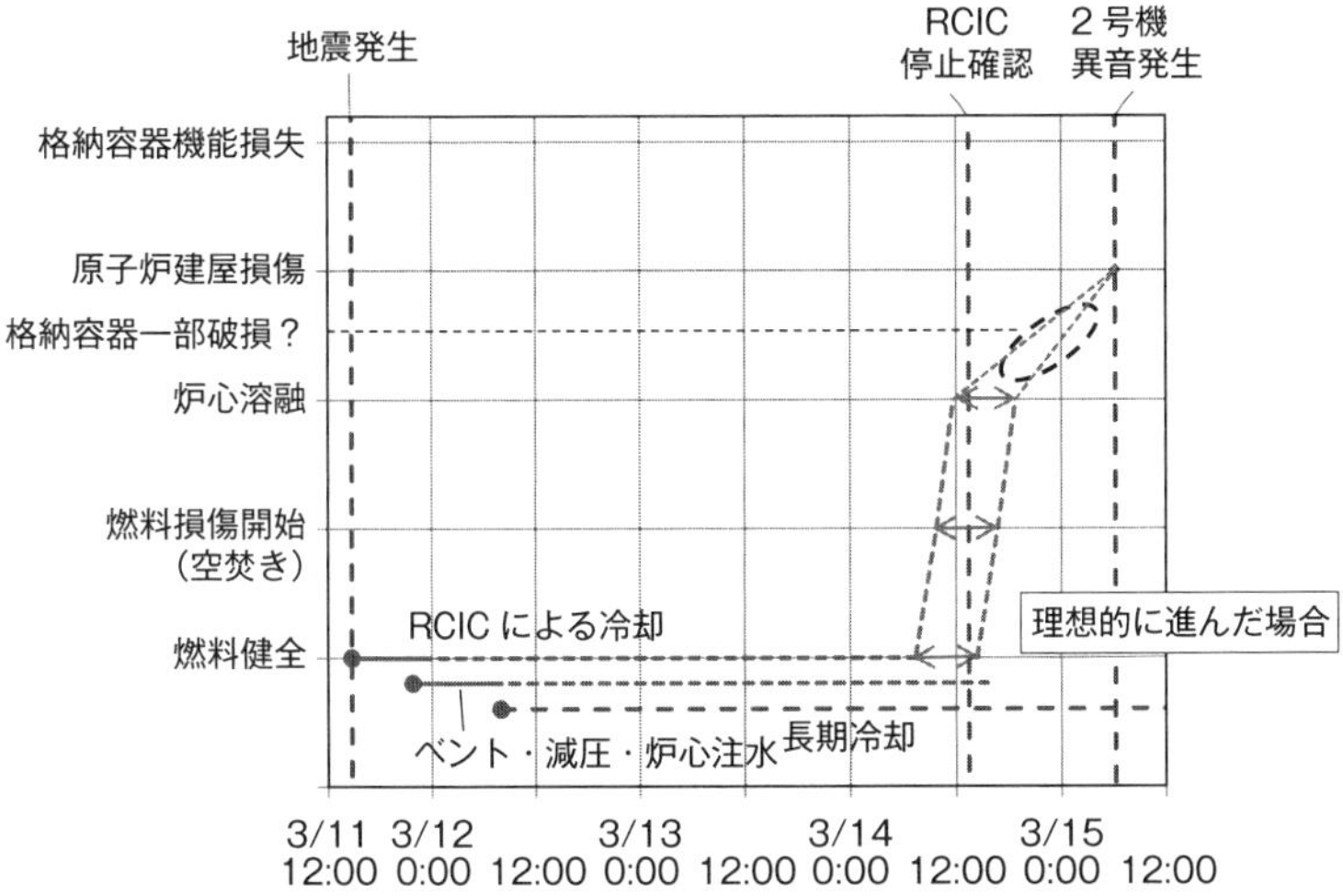

図 4-2　理想的に進んだ場合の 2 号機事象進展

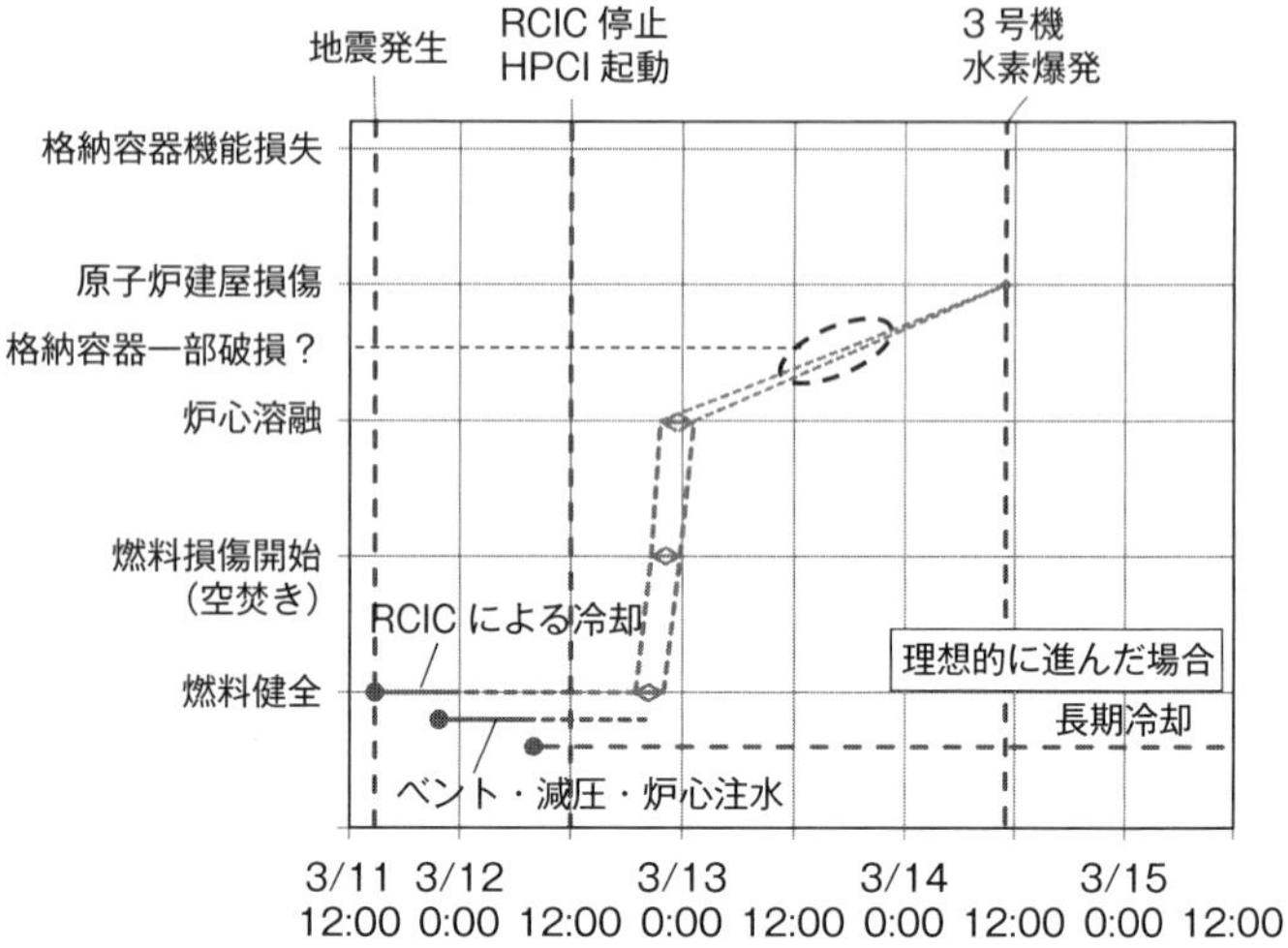

図 4-3　理想的に進んだ場合の３号機事象進展

備、計測制御系の信頼性向上、消火系の多様な利用を可能にする設備改良、「早期の格納容器ベント」を容易にする格納容器ベント系の見直し、前述のいくつかの設備を有効利用できるような様々な可搬式システムの設計、さらに信頼度の高い重要な常用系の強化等様々な工夫が必要になります。

このことは、深層防護の第五の層の一部であるフェーズⅠのアクシデントマネジメントを一層充実させて、少なくともシビアアクシデントに至らない対策をもっと充実・準備させておくことが重要であることを意味しています。それが設計基準事象を超えた大きな事故におけるアクシデントマネジメントの深層防護の基本であると考えます。

大気をヒートシンクにする大前提

このような特別な対応をするための最大関心事は、格納容器ベント時に容易にラプチャーディスクが破れるかどうかということになるでしょう。

格納容器を守るような圧力まで待っていたのでは到底大気をヒートシンクにはできません（この間に燃料の大量破損に至ってしまうためです）。ここは手動で何としてもラプチャーディスク部の配管のボルトを緩める手だてが必要です（3編3.1節「1号機の炉心溶融を防ぐ唯一の道」参照）。そしてラプチャーディスク破壊後再び配管を接続する必要があります。さらにこの作業は燃料の大量破損に至る前に完了させる必要があります。

具体的な手順はともかくこのような、基本的考え方、手順はフェーズIのアクシデントマネジメントにあったでしょうか？少なくとも今まではなかったように判断しています。元々の手順にない場合にこのような手順を実際に用いることは許されるでしょうか？それを立案し承認するのは誰の責任なのでしょうか？

本書では、事業者側と規制側で十分に検討していれば、この点は手順の中に入っていたはずと判断します。

実際はなかったわけですので、もし誰かが正しい判断をして実際にそのように操作しても燃料の大量破損に至ってしまった場合、手順書に無いことを実施したことに対し、その判断をした人が責任をもつのでしょうか？「徴候ベースの手順書」の難しさはこのような点にもあるのです。

1.2 事故の教訓に基づくアクシデントマネジメント手順書等の見直し

3編2章、3章、そして本編1.1で触れてきたシビアアクシデントに至る前に何かできる手段はなかったのでしょうか。1.1で示したように緊急用のフェーズⅠアクシデントマネジメントの主旨を十分理解し、具体的な手段を考えればそれは可能であったはずです。しかしフェーズⅠアクシデントマネジメントそのものには、全交流電源喪失＋ヒートシンク喪失に対して直接的に触れているところはありません。

ここでは、その点を中心に、今回の事故の経過を参考に、アクシデントマネジメント手順書等の見直しを考えていきましょう。

国が認めたアクシデントマネジメントの概要

すでに平成4年以降、原子力安全委員会、国はシビアアクシデント対策としてのアクシデントマネジメントをフェーズⅠ、フェーズⅡに分けて進めてきました。

「BWRのフェーズ：アクシデントマネジメントは

①全交流電源喪失事象

②原子炉スクラム失敗（ATWS）事象

③トランジェント時の崩壊熱除去機能喪失事象
④トランジェント後の注水失敗
の四つの事象を中心に進められました」

しかし、これらの重畳（現象の重ね合わせ）、特に「全交流電源喪失事象」との組み合わせは十分考えられていませんでした。

今回起きた海水系喪失による「トランジェント時の崩壊熱除去機能喪失事象」については、交流電源に期待する対策、すなわち既存の設備（不活性ガス系（AC系）または非常用ガス処理系（SGTS）のダクト）を用いた格納容器ベントを利用するように記述されていました。したがって、「全交流電源喪失事象」、「トランジェント時の崩壊熱除去機能喪失事象」両事象の同時発生である今回の事象では、これらの対策で防ぐべくもありません。

「格納容器からの除熱機能」の矮小化

またまた長いタイトルになりますが、平成14年10月、原子力安全・保安院の「軽水型原子力発電所におけるアクシデントマネジメントの整備結果について　評価報告書」では2.1「BWR原子炉施設に対して整備されたアクシデントマネジメント策」の中の2・1・3における「格納容器からの除熱機能」(3)格納容器ベントの項で

「耐圧を強化した格納容器ベント配管を設置することにより、格納容器加圧防止としての減圧操作の適用範囲を広げ、格納容器からの除熱機能を向上させる。」

となっています。しかしこの項の補足になっている、添付3p43には

「基本的な操作内容は……格納容器圧力が最高使用圧力を超えて上昇していくことを確認した上で、本設備を利用して格納容器からの除熱を行うものである。」

ということになっています。これでは先程来述べているような、海水のヒートシンクがなくなった場合に「格納容器ベントを、炉心溶融を防ぐフェーズⅠのアクシデントマネジメントとして利用する」考えとは相当な違いがあるといえます。

このようにアクシデントマネジメントの深層防護の観点から、フェーズⅠのアクシデントマネジメントを十分検討していたのか、基本的事項についての検討について至らなさが、国、事業者ともにあったといってよいでしょう。

フェーズⅠアクシデントマネジメントの高度化

フェーズⅠは、あくまでシビアアクシデントに至るのを防ぐのですから、原子力安全委員会平成4年の趣旨に立ち戻って、

①全交流電源喪失事象
②原子炉スクラム失敗（ＡＴＷＳ）事象
③トランジェント時の崩壊熱除去機能喪失事象
④トランジェント（冷却材喪失）後の注水失敗

の既に行った②〜④の個別の検討に加え、①全交流電源喪失事象 との組み合わせを詳細に検討し、それを反映していくことが良いのではないでしょうか。

単に自動的に組み合わせるのではなく、今回の事象、③トランジェント時の崩壊熱除去機能喪失事象 との組み合わせを中心に進めることが効率的であると思われます。実際、今回の崩壊熱除去機能喪失事象では、②原子炉スクラム失敗（ＡＴＷＳ）事象で実施するはずのホウ酸水注入系（ＳＬＣ）の手動起動、④トランジェント（冷却材喪失）後の注水失敗事象の(a)高圧系ＥＣＣＳ、原子炉隔離時冷却系（ＲＣＩＣ）の手動起動、(b)自動減圧系（ＡＤＳ）、低圧系ＥＣＣＳの手動起動、(c)代替注水設備の手動起動、等の大半の対応策と重なり、これらの起動は今回の事故の実際の手順の中でも考えられたものもいくつかあるのです。

これらの過渡事象を、全交流電源喪失事象との組み合わせのもとに事象の進展を考え手順化していくことはまさに今回の事故の反映になるものといえます。したがって、この方式で見直していくことが、フェーズＩの見直しにあたって、大変効果的であると考えます。この点を最重要視し手順書等の見直しを図ることが重要でしょう。もちろんラプチャーディスクを外部から破損できるような福島第一の事故の反映として得られた工夫を加えることは言を待ちません。

なおフェーズIIの見直しは、もっと広範な事故事象展開の内容把握の研究を進め、格納容器内の様々な事象について、具体的対策に結び付けられるようになってから実施することが有効であると考えます。

1.3 事故の教訓に基づく設備設計の見直し

本編1.2で示したように、ここでも事故の教訓をもとに、設備設計の見直しの考え方を整理していきましょう。設備設計の主要な点を考える際も、本事故事象を時系列に追っていきつつ考えてみましょう。

まず、11日午後2時46分の地震発生で大きく反省すべき点は、送電系の喪失による事態発生が大きな影響を与えます。しかしこの点の問題は、さらに約1時間後の津波により、さらに深刻な影響を与えます。すなわち海水系が使用不能（非常用D／Gも含む）になることにより、非常用冷却系の機能、およびその交流電源の大半が失われたことです。そして短時間ではこれらと独立に機能を発揮するはずの直流電源のかなりの部分が、海水の浸入を許し使用不能になったことです。（**表4-1**参照）

表 4-1　福島第一の津波による電源系・海水系の被害状況

		1号機	2号機	3号機	4号機	5号機	6号機
非常用 D/G	水冷	×	×	×	×	×(※2)	×(※2)
	空冷	なし	×(※1)	なし	×(※1)	なし	○
M/C	非常用	×	×	×	×	×	○
	常用	×	×	×	×	×	×
P/C	非常用	×	△	×	△	×	○
	常用	×	△	×	○	△	×
直流電源	DC 125V	×	×	○	×	○	○
海水系		×	×	×	×	×	×

複数台設置されているうち、○は全て使用可能、△は一部使用可能、× は全て使用不可能であったことを示す
※1：電源盤が水没したことにより使用不可能　※2：海水系による冷却ができなくなったため使用不可能

電源系統構成の多重性、多様性、独立性

具体的な対策そのものは、今後様々な対策が検討され、これらを踏まえ電源系の基本設計を見直していくでしょうから詳細には触れません。

電源の基本設計の大半は、十分信頼性が高くなるように考えられていたのですが、地震により倒壊した外部から供給される電源系統の弱点は既に何十年かにわたって指摘されてきたことです。

さらにかろうじて残っていたバッテリーも、一部は津波により使用不能になりました。バッテリーの電源盤の設計に津波等による共通要因故障防止の思想が十分反映されていなかったことを示しています。特に電源の多重性、多様性、独立性が不十分であったこと、電源盤や非常用D／Gの設置場所、設置高さを含む配置、位置関係への配慮はほとんどされていなかったと言ってよいでしょう（「ひとくちメモ―その11」の配線図を参照してください）。

用語のひとくちメモ　その11

「多重性」「多様性」「独立性」

本書で「電源の多重性・多様性・独立性が不十分であった」と記しましたが，それぞれどのような意味なのでしょうか。

平成2年8月原子力委員会決定の「発電用軽水型原子炉施設に関する安全設計審査指針」から引用してみます。

> Ⅲ．用語の定義
> (17)「多重性」とは，同一の機能を有する同一の性質の系統又は機器が二つ以上あることをいう。
> (18)「多様性」とは，同一の機能を有する異なる性質の系統又は機器が二つ以上あることをいう。
> (19)「独立性」とは，二つ以上の系統又は機器が設計上考慮する環境条件及び運転状態において，共通要因又は従属要因によって，同時にその機能が阻害されないことをいう。

今回の事故関連で言いますと，非常用D/G(ディーゼル発電機）の例が分かりやすいでしょう。少し前の表4-1を見て下さい。

1・3・5号機には空冷の非常用D/Gはないと表記されていますが，代わりに水冷の発電機を2台ずつ持っていました。同じ水冷の非常用D/Gを複数（ここでは2台ずつ）持つことが「多重性」です。また，2・4・6号機は水冷と空冷の非常用D/Gを1台ずつ持っていました。空冷と水冷，冷却原理の異なる二種類の非常用D/Gを持つことが「多様性」です。

1・3・5号機は非常用D/Gに「多重性」を持たせ，2・4・6号機は非常用D/Gに「多様性」を持たせる設計思想でした（ちなみに，1号機と2号機，3号機と4号機，5号機と6号機はお互いに電源を融通しあうことができるため，全号機で「多重性」と「多様性」に対応できる設計思想となっていました)。

一方，実際には，水冷非常用D/Gも空冷非常用D/Gも，共通要因である津波によって最終的には動作不能になってしまいました。非常用D/Gで作った電気を流すための電源盤が津波により水没して使えなくなってしまったためです。すなわち，非常用D/Gに関しては，多重性・多様性を考慮した設計であったのにも関わらず，最終的な「独立性」が確保できませんでした。そのため，全交流電源喪失という事態を招き，最終的な被害を拡大させてしまうことになってしまいました。今後は「独立性」の確保の工夫が大変重要になると考えます。

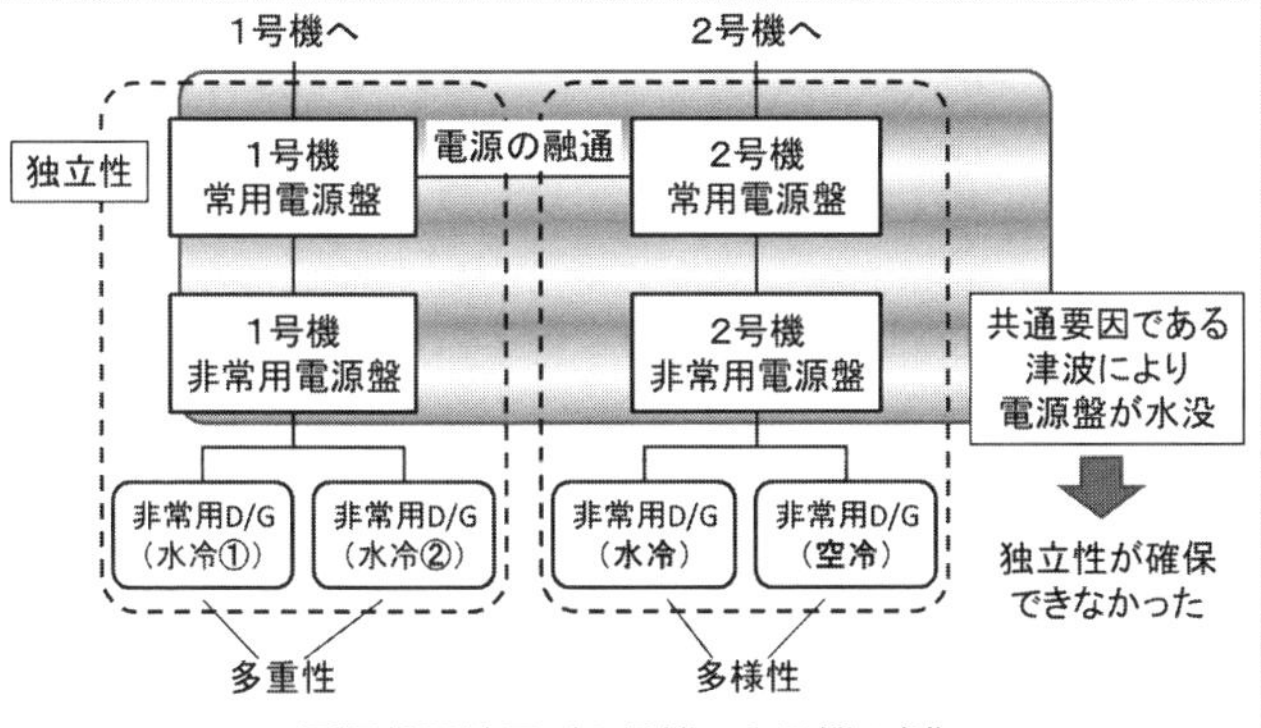

電源盤配線図（1号機・2号機の例）

このことは6号機の空冷式非常用D／G以外は動作・供用できなかったことからも明らかです。

今後の電源の多重性、多様性、独立性については表面的なもののみでなく、環境、位置関係、水密性等々幅広い観点の見直しが必須でしょう。さらに今回十分な働きをした電源車、消防車等の移動可能な電源の一層の強化も重要課題です。

また、今回炉心注水に重要な役割を果たした常用系システム、すなわち1号機におけるＩＣ、2、3号機におけるＲＣＩＣ等の常用系作動用電源強化等の対策も大きな課題です。この点は原子炉への注水機能の観点と合わせて後で述べてみたいと思います。

電源との関連を考えた事故直後の注水機能の強化

次に原子炉への注水機能について考えてみましょう。

原子炉建屋地下に設置されている非常用炉心冷却系と呼ばれる原子炉への注水機能を持つ主要な系統は、津波による浸水で非常用Ｄ／Ｇからの電源を失ったことからほとんどその機能を発揮できなくなりました。本来、原子炉建屋は気密性を持っていて、外からの水の浸入には強いことからその信頼度は大変高いと信じられていました。

しかしこれらの電源が、気密性のないタービン建屋地下に設置されている非常用Ｄ／Ｇであったこと、津波による影響でタービン建屋地下に海水が浸入したこと、非常用Ｄ／Ｇを冷却する海水ポンプがすべて使用できなくなったこと、空冷式Ｄ／Ｇについては電源盤が海水の侵入を許したことにより1～4号機の非常用Ｄ／Ｇはすべて使用できなくなりました。

このように各機器の性能はその電源供給や冷却機能により発揮されることを考えれば、機器とその電源供給についてどちらも十分な安全対策をしてこなかったといって言い過ぎではないでしょう。特に電源車、消防車等の移動可能な電源の強化については、今回の事故で今まで述べてきたような重要な貢献をしたわけですから、今後の一層の強化は当然といえるでしょう。

ではその他の注水機能はどうだったのでしょう。交流電源に頼らない注水機能は1号機のIC、HPCI、2、3号機のRCIC、HPCIですが、かろうじて2、3号機のRCICが手動で運転できたのは、2号機は一部の交流電源（P／C：パワーセンターという電源設備）、3号機は直流電源であるバッテリーが使用できたためです（**表4-1**参照）。

では1号機はどうだったのでしょうか。1号機は東電資料（表4-1）によればすべての電源が津波直後に使用不能になっていたと言っています。しかし午後6時30分頃からのIC起動と同様、初期に隔離弁を手動で開ければ使用できた可能性が高いと言えます。本来は常用系をこのような緊急時に用いるケースで使うことはないと思われがちですが、注水可能な設備の多様性として常用系で唯一つ残っていたICは、事故直後にはどうしても起動にトライしてほしい設備です。またHPCIの手動起動についてもたとえバッテリーがなくても、同様に手動でバルブを開する等して起動を試みるべきだった設備です。従って1号機に限らず、これらの反省に立ち、様々な形での電源面での強化は必須の課題です。

常用系の機能の見直しと電源強化

今回の事故の大きな教訓は、いわゆる非常用炉心冷却系が働かないとき、常用系の設備で、注水、除熱、減圧を図る重要性を教えてくれました。

先に述べたように数時間～半日程度以降の炉心注水には特に常用系の手助けが必要でした。非常時の常用系利用にもっと目を向けるべきでしょう。このためIC、RCIC等の常用系は電源の確保、特にバッテリーの強化などを、非常用の電源と別な形で充実させておくべきでしょう。また同時にこのような常用系には、非常系並みの耐震設計を義務付けるなど、幅広い見直しを図るべきです。IC、RCICに加えて消火系、それをサポートする水源の増容量化、多様化、耐震性の向上、可搬式の電源系の強化、等々さまざまな対応が考えられます。

1.4 見直されたアクシデントマネジメント手順書に基づく安全解析

ここでは、事故事象のシミュレーションの対象プラントとして、BWR-5相当のプラントを想定して検討を行います。BWR-5は福島第一では6号機にあたり、以降BWRの主力として各地に設置されています。このBWR-5に関して事故のシミュレーションを行うことによって、前節で見直されたアクシデントマネジメント操作を実施することにより炉心の溶融などの事象を回避できる可能性があることを示して、それらの操作の有効性の検討を行います。

ここでは、福島第一原子炉事故と同様に、全交流電源喪失事象時にヒートシンクが喪失した場合のプラント挙動のシミュレーションを実施しました。シミュレーションに使用したソフトウェアは、米国電力中央研究所（EPRI）が40年以上開発・整備を続けているRETRAN-3Dコード［1］を用いました。

解析で想定した解析条件を**表4-2**に示します。

表4-2の機器の作動条件からも明らかなように、今回の事故のような全交流電源喪失事故の場合には、RCICとSRVの機能を十分に有効に使用することが必要であることが分かります。

プラントの解析モデル図を**図4-4**に示します。

表 4-2 想定した原子炉プラント制御システム

機器	想定作動条件
HPCS (高圧炉心スプレイ系)	電動駆動ポンプ1台，スパージャー（リング状スプレーシステム），配管，弁類で構成される。 全交流電源喪失を仮定することから不作動。
RCIC (原子炉隔離時冷却系)	蒸気タービン駆動。原子炉水位低 L2 で自動起動して注水開始，水位高 L8 で注水停止。主蒸気管圧力 11～80 気圧で作動。(直流電源喪失後，RCIC も不作動になり，放置すれば炉心溶融に至る。)
LPCS (低圧炉心スプレイ系)	電動駆動ポンプ1台，スパージャー（リング状スプレーシステム），配管，弁類で構成される。原子炉水位低低 L1 もしくはドライウェル圧力高で作動。 全交流電源喪失を仮定することから不作動。
LPCI (低圧炉心注水系)	電動駆動ポンプ3台，配管，弁類で構成される。原子炉水位低低 L1 もしくはドライウェル圧力高で作動。 全交流電源喪失を仮定することから不作動。
SRV (逃し安全弁)	①減圧操作での使用 冷却材温度を 55℃/hr の割合で低下させる。(減圧割合に換算すると，2 時間で 70 気圧から 5 気圧位まで減圧されることに相当する。) ②高圧条件下での圧力制御 減圧操作を行わない場合には，原子炉は高圧条件下 (73.7 気圧～76.2 気圧位）に維持される。
FWP (主給水ポンプ)	主給水ポンプは蒸気タービン駆動である。従って主蒸気隔離弁（MSIV）閉鎖によって駆動力を失う。従って解析上は不作動。

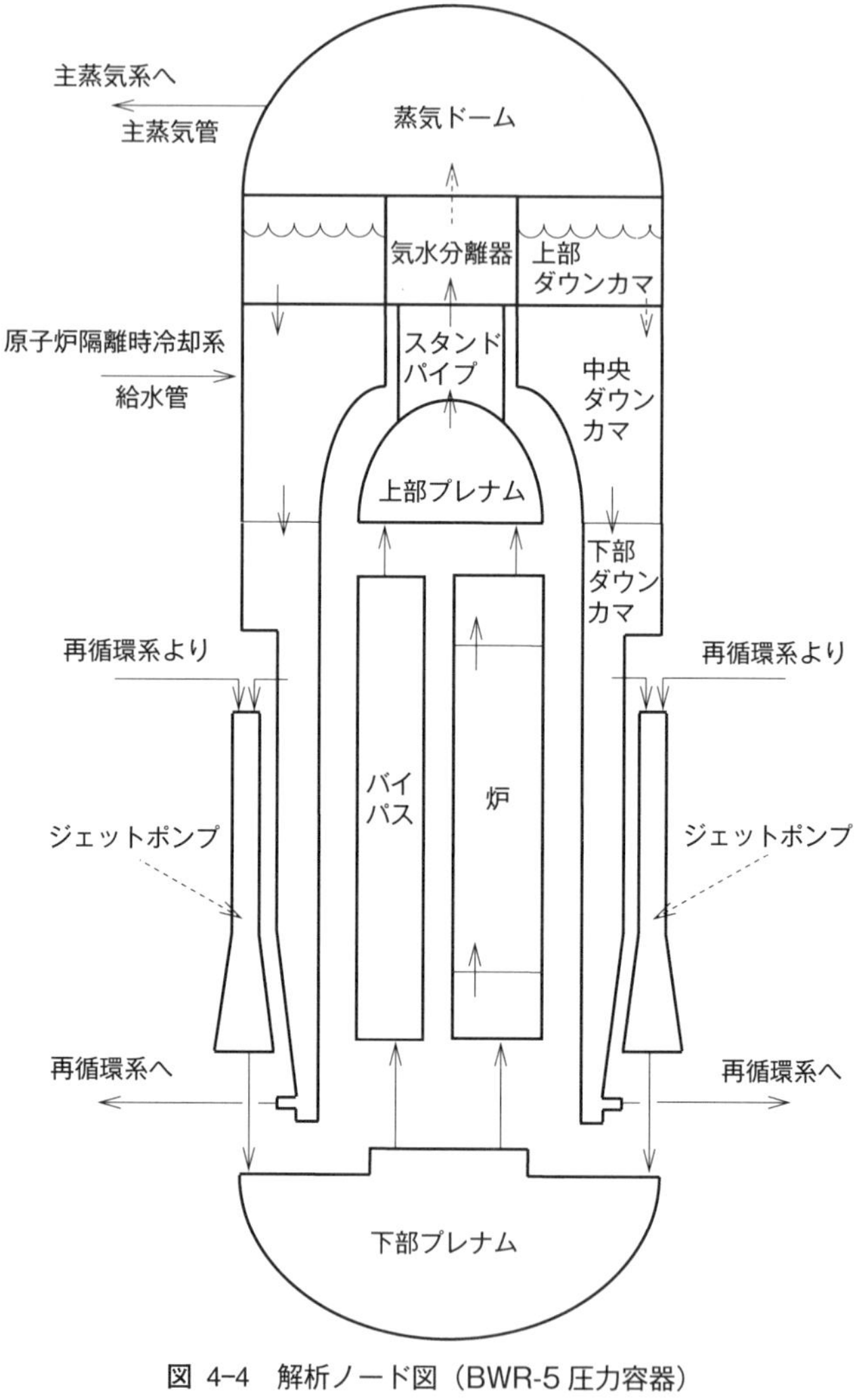

図 4-4　解析ノード図（BWR-5 圧力容器）

事故のシミュレーション

ここでは、110万kWe級の一般的な沸騰水型原子炉の代表として、BWR-5型の原子力発電プラントで、福島第一原子炉で発生したような全電源喪失が発生した場合に、プラントで生じると考えられる様々な事象を、シミュレーションソフトを使って再現してみます。そして前節まで議論し見直しを行ったアクシデントマネジメント操作を行うことによって、どのようにプラントの挙動に影響を与え、結果として炉心の溶融事象が回避できるのかを検討してみましょう。

まず、ここでプラント挙動のシミュレーションをする際の種々の条件をまとめてみましょう。

原子炉熱出力　：3227.14 MWt
起因事象　：全交流電源喪失
バッテリー電源：8時間使用可能
ベント使用条件：格納容器内圧が0.3 MPaに到達した時点で開放
代替注水系　：事故発生後8時間以内に注水準備を完了しておく。
炉内圧力が0.7 MPaまで低下して、71 ton/hrの流量で注入可能。レベル2～レベル8の水位を維持するように制御。
RCIC注入　：圧力容器内圧が11気圧～80気圧の条件下で、140 ton/hrの注入が可能。
レベル2～レベル8の水位を維持するように制御。

説明では、以下の図を用いて説明します。

図4-5：原子炉出力と原子炉圧力のふるまい

図4-6：注入系（RCIC注入と代替注入）と原子炉水位のふるまい

図4-7：RCICの注入操作

図4-8：格納容器内圧力とベント量のふるまい

図4-9：崩壊熱量とベントによる大気放出熱の推移

図4-10：積分熱発生量と積分大気放出熱量の推移

原子炉圧力の維持

前節までにも何度も説明しましたが、プラントで全交流電源が喪失すると、電源を用いて駆動されていたあらゆる動的な機器の作動が停止

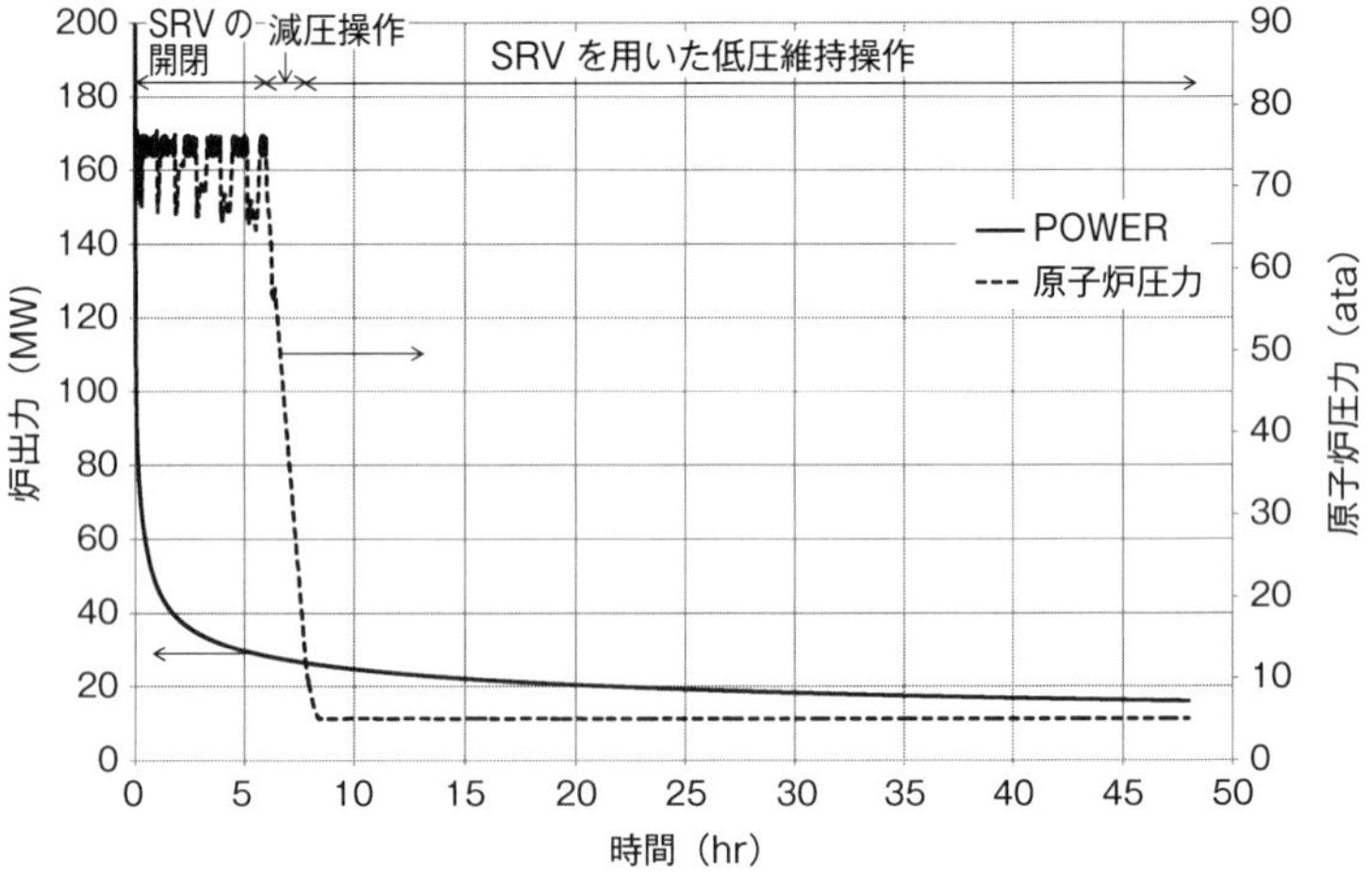

図 4-5　原子炉出力と原子炉圧力のふるまい

します。そのため、炉心の冷却にとって重要な再循環ポンプが停止しますが、原子炉を停止するスクラム信号が発信されて、原子炉は強制的に停止され、炉心で発生する出力は**図4-5**に示したように、2時間後には事故開始直前の定格運転時の出力の1・2%（ここでは40 MW）にまで低下していきます。それでも原子炉プラントからの除熱を担っていた主蒸気ラインが閉鎖隔離されるため、残留熱により発生する蒸気がどんどん原子炉圧力容器に溜まり、原子炉圧力は上昇します。

その後、原子炉圧力は逃し安全弁（SRV）の開設定圧に達して、弁が開放されて高温の蒸気を格納容器の下部にあるサプレッションプール（圧力抑制プール）へ放出します。サプレッションプールでは、流入した蒸気を凝縮することにより、原子炉圧力を逃し安全弁の開設定圧以下に抑制します。

図4-5に示すように、SRVの開閉により原子炉圧力は事故発生後6時間まで高圧条件（70気圧くらい）に維持されています。

RCICの注入

原子炉内の圧力上昇を抑制するために、SRVから蒸気放出を行ったことにより、そのマイナス面としては原子炉圧力容器内の冷却材が減少することになります。圧力容器内の冷却材が減少することは、圧力容器内にある燃料を冷却するためには、好ましくないことです。従って冷却材の減少を防ぐために、全交流電源が喪失した場合にもバッテリー電源で制御可能な、蒸気で駆動するRCICを作動させることになります。

図4-6の上部に示しましたように、原子炉水位がL2-レベルを維持するように、RCICの注入が行われ、もし原子炉水位が回復してL8-レベル以上になるとRCICの注水が停止します。

そして再びSRVからの蒸気放出によって、冷却材が減少して原子炉水位がL2-レベルに達するとRCICの注入が再開されると言う手順が繰り返されることになります（**図4-7**）。

このRCICの注入により、圧力容器内に冷却材がL2とL8の間に維持されることになります。このL2レベルと言うのは、燃料の上端（TAF）よりもさらに3mも上にあり、十分に燃料が冷却材で冷却されている状態であります。

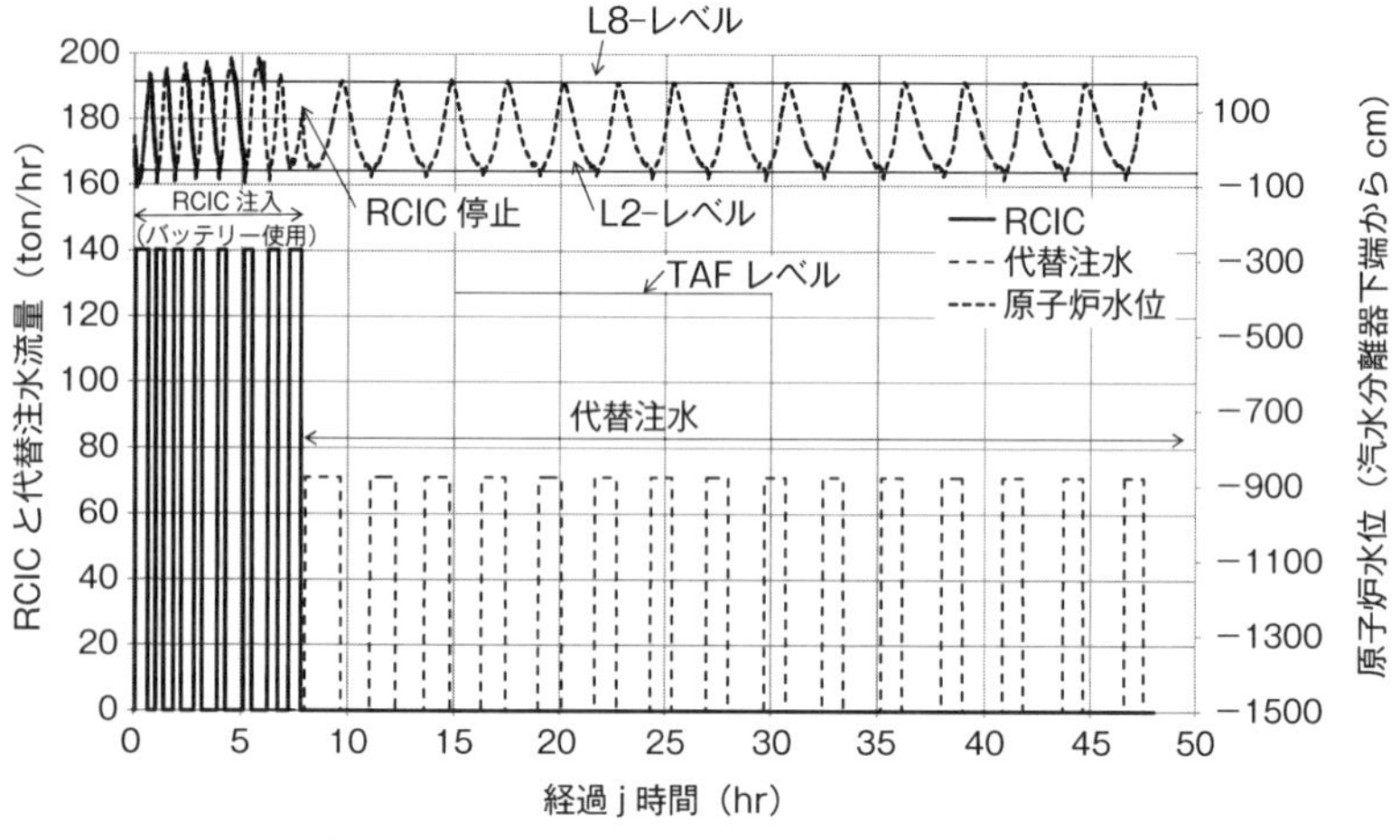

図 4-6　注入系（RCIC 注入と代替注入）と原子炉水位のふるまい

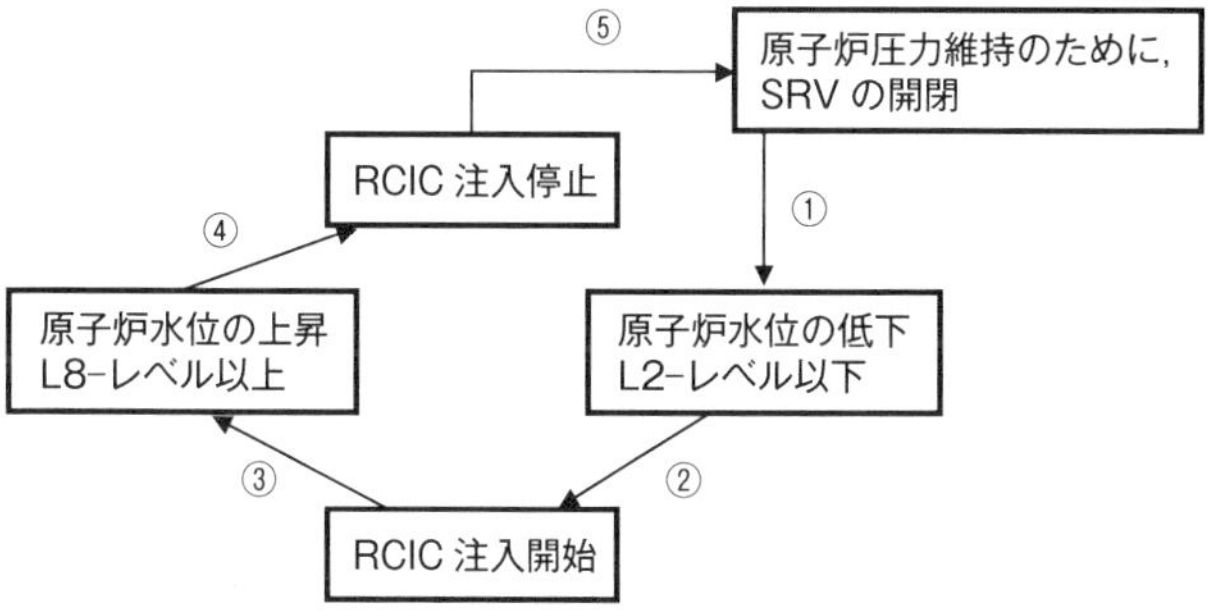

図 4-7　RCIC の注入操作

SRVを用いた減圧操作

先に述べた手順が無限に続けられれば良いのですが、使用するバッテリーには容量の限度があります。バッテリー電源が喪失するとRCICの制御を継続することができません。この時点のような高圧条件では、RCIC以外に注入の手段がありません。もしRCICに代わる注入がなければ、その3時間半後には燃料の溶融に至ることが、種々の計算結果で確認されています（4編の図4-1、4-2、4-3を参照してください）。

そのために、バッテリー電源が使用可能な間に、原子炉内の圧力を低下させて、RCICの注入以外の注入手段（代替注水系）が使用可能な圧力領域まで減圧させる必要があります。ここでは、バッテリー電源の容量を8時間分の電源と想定していますので、その2時間前くらい（事故発生後6時間後）に逃し安全弁を用いて、圧力容器内の減圧を開始して、バッテリー電源が使用可能な約2時間の間に、原子炉内の圧力を70気圧から5気圧まで減圧させる操作を行います。

確かにこの減圧操作により、図4-5に示すように原子炉圧力は2時間で5気圧くらいまで低下させることができます。しかし、その減圧操作の過程中（ここでは事故開始後7時間50分ごろ）に、原子炉圧力の低下により、RCICを駆動させるタービンへの蒸気供給ができなくなり、RCICの注入機能は停止しています。

このため、図4-6の上に示した原子炉水位は上昇過程であったものが、上昇が停止して、低下が始まっています。

代替注水への移行

ここでは事故開始後八時間までの間に、本章で述べてきた電源喪失時のAM策の見直しで得られた知見に基づき、即時に代替注水への切り替え準備が完了していることを想定しています。

ここではRCICが不作動になって、事故後8時間後からの代替注水が開始するまでの10分間では、原子炉水位はまだL2-レベルより上にあり、L2-レベルまで低下しない内にスムーズに代替注水への移行ができていることが確認できます。

図4-6からもその後の代替注水の間欠的な注水により、原子炉水位はL2-レベルとL8-レベルの間に維持されていることが分かります。

ここで、減圧操作中にRCICが機能を喪失した時点で、もし代替注水への移行が不可能であると、計算結果では、時刻約9・6時間の時点で原子炉水位は実効燃料上端（TAF）まで低下して、それ以降の注水が困難となる可能性があります。つまり、RCICが機能喪失した後約

1・6時間以内に代替注水による注水が開始されない場合には、燃料破損に至る可能性があるということになります。したがって、前述のようにバッテリーの容量を八時間とすると、その2時間前の事故後6時間程度での減圧操作の開始と、代替注水系からの注水の準備が完了している必要があります。

ベント操作の開始

事故後にSRVから放出された蒸気は、格納容器へ放出されるため、格納容器圧力は**図4-8**に示すように上昇し、格納容器の内圧が3気圧を超えた時点（事故後11時間後）にベントを開始しています。このベント操作により格納容器内圧力は設計圧の3・8気圧を十分下回り、したがって格納容器の過圧破損は回避でき、約四時間後には、ほぼ大気圧と等しくなっています。

ベントされた蒸気量は2日間（48時間）でほぼ

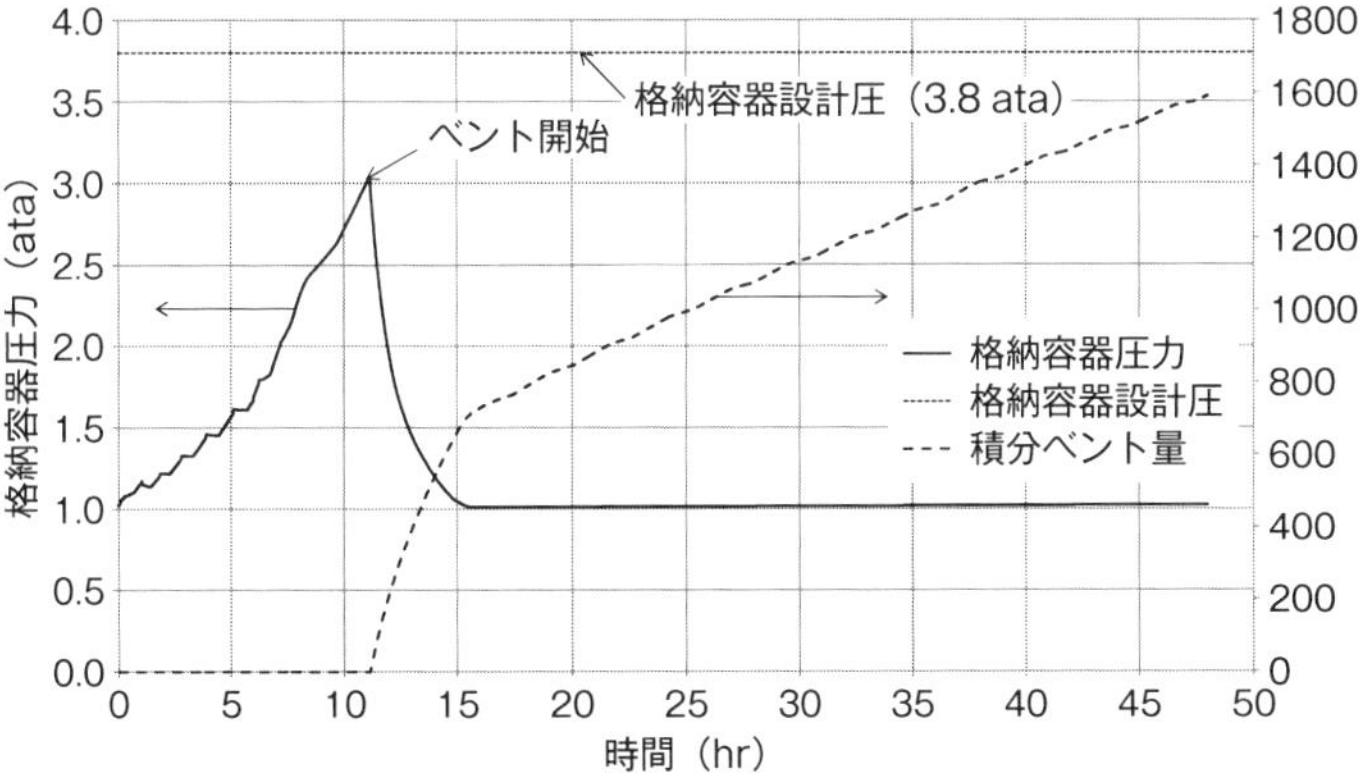

図 4-8　格納容器圧力とベント量の推移

1600 ton に達していますが、燃料破損が生じていないので、このベントによる被ばく量は十分低く抑えられる結果となります。

ヒートシンクとしての大気放出

図4-9 には、事故後にプラント内で発生した崩壊熱エネルギーと、格納容器ベントにより大気へ放出されたエネルギーの推移を比較して示してあります。これらの値は時々刻々の数値ですので、その時点ごとの値の比較には適しているのですが、結局過渡事象中に総量がどうなったかについては、余り良い示唆を与えてはくれません。

それで、それぞれの積分値を次の**図4-10** に示します。この図から明らかなように、事故開始後11時間後にベントを開放して格納容器から大気への放出を開始しましたが、これらの計算結果から分かるように、ほぼ15時間後には過渡事象中に発

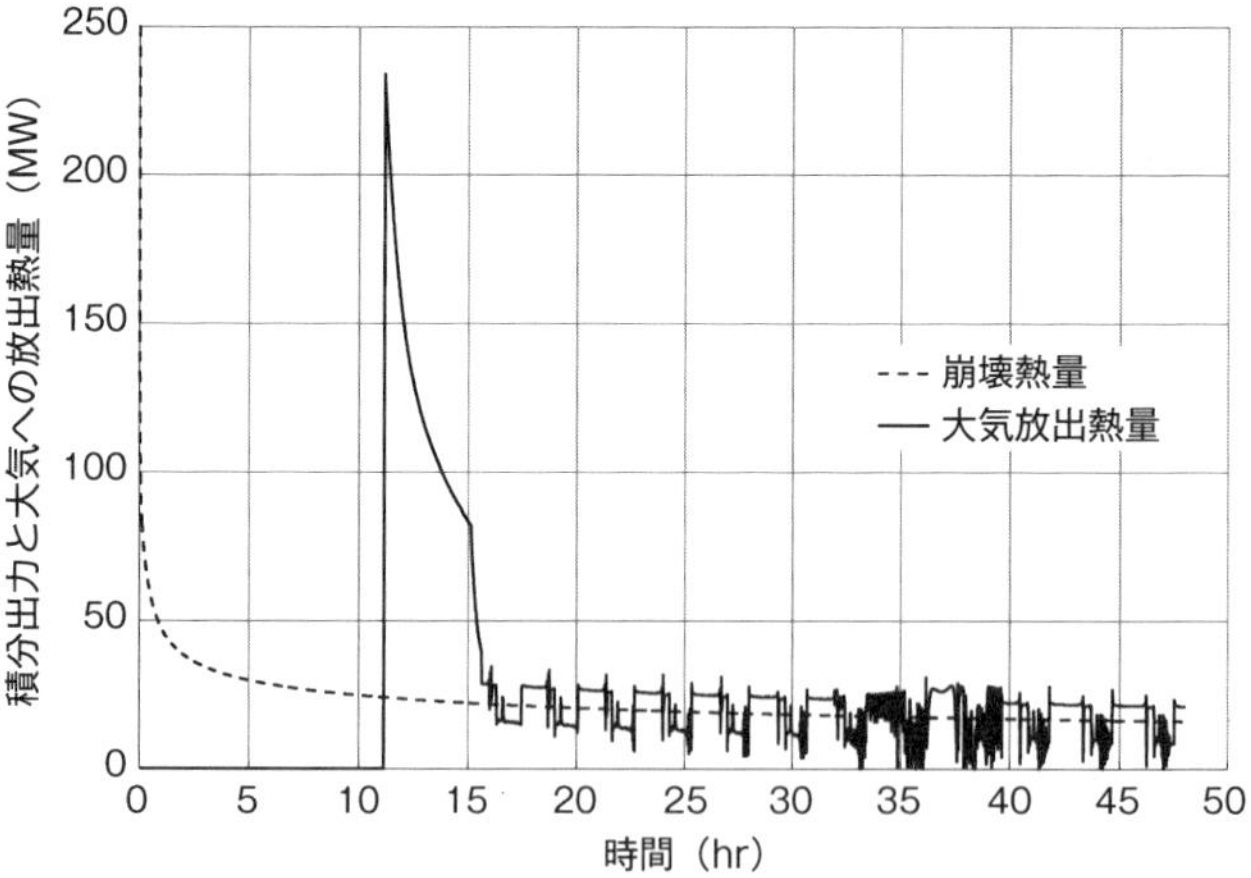

図 4-9　崩壊熱とベントによる大気放出熱の推移

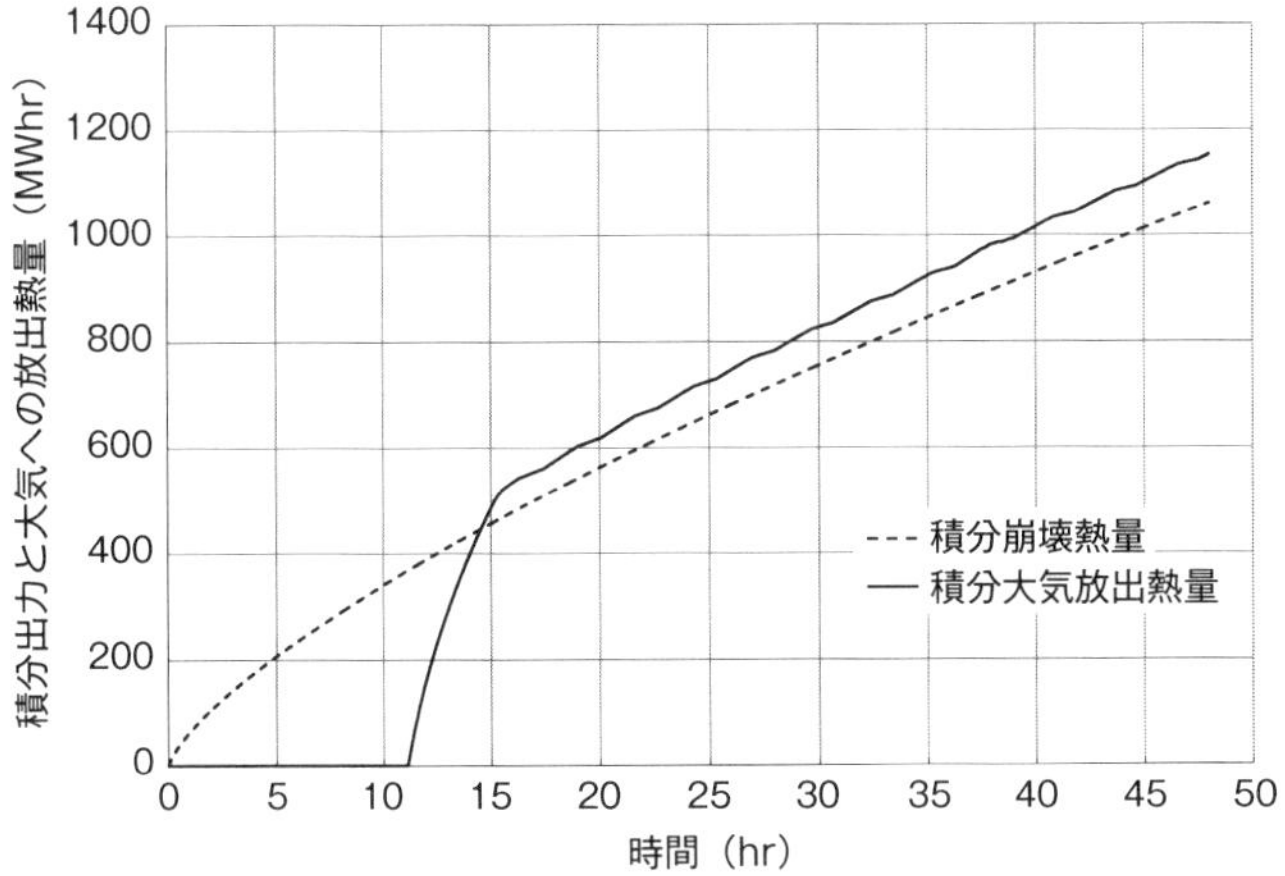

図 4-10　積分熱発生量と積分大気放出熱量の推移

生する崩壊熱をベントによる大気放出エネルギーが上回っていることが分かります。つまりここで採用した格納容器ベントによる大気への放出が、従来の海水のヒートシンクの代替として最終ヒートシンクとなり得るものと考えられます。

冷温待機状態

実際には、永遠に原子炉圧力を五気圧に維持していれば良いのではなく、さらに有効な冷却水の注入と抽出のシステムを確立するためには、より安定した冷温待機状態に移行していく手立てを施す必要があります。しかし本解析結果では、燃料溶融が発生していない状態でありますから、十分な冷却手段を確保しながら、種々な有効な操作をとることも可能な状態に、現状でも移行できていることは確かと考えられます。

つまり以上で示した長期的な安定冷却が達成さ

れることにより、原子炉内の冷却材は十分確保され、燃料温度は十分低温に維持され、燃料溶融に至ることは無いことが分かります。

そして、今回見直し、検討されたアクシデントマネジメント操作により、福島第一原子力発電所で発生したような重大な炉心溶融事故も回避できた可能性があることが確認できました。

2章　原子力発電所の再起動に向けて

2.1 ストレステストについて

また聞きなれない言葉が出てきました。ストレステストとはなんでしょうか。少々分かりにくいのですがもう少し我慢してください。何しろ2011年3月以降にヨーロッパで定義されたことですから。新聞やTVでは、「ストレステスト（耐性試験）とは、地震や津波にどこまで耐えられるかをコンピュータシミュレーションにより調べる」とされているものです。

ヨーロッパ諸国の素早い対応

実は今回の福島第一原子力発電所の事故に鑑み、3月24、25日、欧州連合理事会は「包括的及び透明性のあるリスク評価に基づき、すべてのEU内の原子力発電所の安全性を評価すべきである」とし、日本における事故の教訓に照らして、特にWENRA（西欧原子力規制者協会）を全

面的に活用し、

「これらの試験範囲と様式を可能な限り早く策定する、評価は各国規制当局とは独立に、またピアレビューを通して行われる。その結果及びそれに基づきとるべき措置は公開され、2011年末までに初期成果を評価する」

と宣言しています。どこかの国の政府や規制当局とは、その実行力が違います。

ストレステストの内容

その内容がストレステストと呼ばれているものです。「福島で発生した事象に照らして原子力発電所の安全余裕に目標を絞った再評価」として定義しています。もう少し分かりやすくいえば、「過酷な自然事象がプラントの安全機能を働かなくし、シビアアクシデントに発展するかどうかを評価する」と言いかえられます。いずれも分かりにくい定義ですが、本書の3編2章、3章を読んでいただき、シビアアクシデント、アクシデントマネジメントという言葉を既に聞いたことのある皆さんには何となくお分かりいただけるのではないでしょうか。そしてこの再評価は以下からなるといっています。

「・技術範囲のもとで予見される苛酷状況に直面した際の原子力発電所の応答の評価

・深層防護の論理に従って選択された予防及び緩和措置の検証：起因事象、その結果としての安全機能の喪失、シビアアクシデントマネジメント」

さらに、

「このような苛酷な状態において安全機能喪失の確率とは関係なく、決定論的手法にて一連の防護の順次喪失が仮定される」

としています。ここは大変重要な指摘です。3編2章・3章に述べましたが、やはりここでも

「安全機能の喪失、シビアアクシデントの状態は、いくつかの章設計設備が故障した時にのみ生じることに心すべきである」

ともいっています。これも既に3編2、3章で一般論として述べてきたところです。さらにこれらの状況に対応する措置が順次破られていくことが仮定される、としています。

さらに、

「再評価は与えられたプラントに対し、それぞれの苛酷な状況についてプラントの応答、予防措置の有効性について報告し、潜在的弱点およびクリフエッジ効果を注記する」

となっています。またまたクリフエッジ効果という新しい言葉が出てきました。でも驚かないでください。辞書で引くとクリフ（cliff）は（海岸の）絶壁、崖となっています。エッジは縁、端、刃先ですよね。概ね「クリフエッジとはある限界点を超えるとそれまでの状況と一変してしまうその限界」というように思ってもらえばいいのです。ここでは「ある条件のもとで、プラントの応答、予防措置の有効性が発揮されているうちは通常に近い状態に復帰できるのですが、ある一線を超えるとたちまちシビアアクシデントの状態になってしまう」そのある一線をいうのだと考えましょう。

「事故発生の結果に対処するより、事故を防止することがよりよいこと」

ここで「ストレステストは次のように考えるのですよ」ともいっています。すなわち

「設計で考慮された事故に対して準備された安全システムの、想定される機能喪失を追求することに焦点があてられることになろう。これら安全システムの適切さは許認可と関連して評価されてきたものであるが、ストレステストではそれらの性能に関する仮定が再評価され、対応措置を行うことができることが示されるべきである。」

としています。さらに「事故発生の結果に対処するより、事故を防止することがよりよいこと」であり「炉心、使用済み燃料の健全性を維持する」「炉の閉じ込め健全性を維持する」ための手

段が深層防護の重要な部分を構成しているといっています。本書では本編1.1の最後の部分でフェーズⅠのアクシデントマネジメントの重要性について、またアクシデントマネジメント時の深層防護の考えについて、まさに同じことをいっています。

ストレステストの範囲と進め方

今回のストレステストの範囲は、福島の事故をもとに次のように定めています。

「ⓐ起因事象

・地震

・洪水

ⓑプラントサイトで想定されるすべての起因事象による安全機能の喪失の結果

・ステーションブラックアウトを含む電源喪失

・最終ヒートシンク（最終の熱の放出先）の喪失

・両者の複合

ⓒシビアアクシデントマネジメントの課題

・炉心冷却機能の喪失を予防しマネジメントする手段

・燃料貯蔵プールの冷却機能の喪失を予防しマネジメントする手段

・閉じ込め健全性の喪失を予防しマネジメントする手段」

注目点は地震と津波ではなく、起源に関係なく地震と洪水をあげています。この場合悪天候条件を加えるとしています。このあたりは日本とヨーロッパの自然条件の違いが出ていますね。また福島の経験から公衆保護の観点ではサイト外サービス（消防、警察、保健所……）も重要な要素としていますが、ストレステストの範囲外としています。本書でも2編2・3・1で広義の深層防護から第六層以降を議論の対象外としていることを思い出してください。

繰り返しますが、ヨーロッパのストレステストでは評価は基本的に決定論的であるべきである、としている点です。そして苛酷シナリオを解析する際、漸進性手法を用い、予防手段は順次破られると仮定しなさいといっています。「評価は基本的に決定論的であるべき」ということはとても重要な指示です。この後、本編2.2で日本で実施を計画しているストレステストとの考え方、判断の仕方の違いが浮き彫りにされます。

そしてこの検討結果は、事業者は10月31日まで、政府報告は他国の規制者によるピアレビューを受けたのち、12月31日までに報告することになっています。

2.2 我が国のストレステスト

日本では前首相が「定検中の原子力発電所の再起動にあたって、ストレステストを実施してその結果を見て判断する」としたことから大変な騒ぎになりました。

では、ヨーロッパのストレステストと、同じでしょうか、どこかがどのように違うのでしょうか。

突然とび出した日本版ストレステスト

我が国のストレステストは、原子力安全委員会から求められ、平成23年7月21日に原子力安全・保安院が定めた、「東京電力株式会社福島第一原子力発電所における事故を踏まえた既設の発電用原子力施設の安全性に関する総合評価に関する評価手法及び実施計画（案）」のことです。相変わらず長くてよくわからない表題ですね。

・評価対象時点
　報告時以前の任意の時点の施設と管理状態としています。
・評価対象事象
　自然現象：　地震、津波
　安全機能の喪失：全交流電源の喪失、最終的な熱の逃がし場（最終ヒートシンク）の喪失

とヨーロッパのものと似ています。

評価は一次評価と二次評価によって構成されています。地震と津波の重畳は評価対象事象には直接書かれていませんが、具体的実施事項の中には重畳も考えるとしています（本来はヨーロッ

パ版のようにきちんと前提に書いておくべきでしょう)。

一次評価は定検中で起動準備が整った原子炉に対して実施するとし、二次評価は福島第一原子力発電所、福島第二原子力発電所を除いた全ての既設の発電用原子炉施設で実施するとされています(ただし廃止措置中のものは除く)。

評価は発電所単位で実施するとなっていますので、福島第一のように複数立地では他のプラントとの相互影響も考えなさいということです。

ヨーロッパに見られるストレステストでのシビアアクシデントマネジメントの課題が日本版に明示的に出ていません。それは、規制側が十分この点について過去に指導してこなかったこと、アクシデントマネジメントの中に十分な深層防護の概念を入れてこなかったこと等に影響され、今回も、十分な安全概念を検討することなく、よくわからないうちに何かやらないといけないと短期間で考えたためでしょうか?

一次評価、二次評価の実施事項の一番最後にかろうじてアクシデントマネジメントという言葉が出てくるのは、このことを裏付けているように思えます。

本書では、既に本編1.1で原子力安全委員会のアクシデントマネジメントの考えの中に深層防護の観点が希薄だと書きましたが、この点の補強を規制側がどのように考えているのか大変関心があるところです。従来の観点は、フェーズII中心になっているように見えるからです。ストレステストでも同じように思えます。

本書では、今はフェーズⅠのアクシデントマネジメントを集中的に高める努力をすべきときであり、フェーズⅡは引き続き十分な現象、挙動の理解を進めてからとりかかるべきであると提言します。

そして、このストレステストの合否の判断基準として、「フェーズⅠアクシデントマネジメントにより、炉心燃料の大きな損傷を防ぐことができる」という提案をします。

確率論でストレステストを進めるのか

さらにもう一点気になる進め方があります。ヨーロッパでは「安全機能喪失の確率とは関係なく、決定論的手法にて一連の防護の順次喪失が仮定される」としていますが、日本版では事象の進展はすべての可能性を考えるイベントツリーの形式で示すとなっていることです（もっとも評価は決定論的な手法を用いる、ともなっていますので、本当は何をさせたいのか不明確です）。

今回の事故事象で、すべての詳細は明らかになっていないこともありますが、国、事業者の公開資料で明らかになっている点もかなりあります。やはり国内の実際の情報をもとに、決定論的手法で一連の防護の順次喪失の過程を明確にしていくことが、より現実的で適切な手法です。

このやり方が今回の起因事象に対する、最大のクリフエッジを分析することにつながります。これにより事故が起きたのですから。イベントツリーは網羅的であっても、起こる可能性を考えていない脈絡に欠ける手法ですので、これを特定の事故の分析に前面にして用いることが妥当であるか検討が必要です。

その脈絡をはっきりさせるためには、イベントツリーの事象の分かれ道で、フォールトツリーにより確率を与え、起こりやすさを特定していくことが必要です（用語のひとくちメモ　その5参照）。

しかし今回の事象では、具体的な起こりやすさ、確率を与えることが事故の前にできなかったことが問題でした。それは、誰も経験していない状況での共通要因や、人間の誤操作に関する情報です。そして、今でも今回の事故に関する共通要因や、人間の誤操作に関する確率は提示できないでしょう。

ストレステストは決定論を中心に

今回の実際の事故情報、経過の情報には、そのようになった必然性がかなり正確に織り込まれているのです。したがって、ある程度の事故の状況に即した評価をしたうえで、本件の問題を解決していく姿勢が必要です。このため、イベントツリーのような網羅的な作業より、事故そのものに即した事象の進展に重きを置いた作業、すなわち決定論的にもっと事象を詰めていくという手法がより有効で重要と考えます。

特に、本書で提案している燃料が健全なうちの「格納容器ベント」という発想は、アクシデントマネジメントにおける格納容器の機能にのみこだわっていては出てこない発想です。ヒートシンクの喪失に対し、利用可能な別のヒートシンクを見つけるということですから。このように決定論を中心にフェーズⅠのアクシデントマネジメントを一層充実させるという点こそ、今回の事故を踏まえたアクシデントマネジメントにおける深層防護の具体的な改善の現れと理解できるのです。

現場を知っている人たちのノウハウの活用を

さらに国内では、海外のピアレビューのように、国内の実際の現場をよく知っている人たちのノウハウを活用するやり方は十分入っているとは言えません。建設・運転の経験者は、当事者の一員として遠ざけられ、日本特有の規制側および大学の先生方という机上の議論の得意な方たちの評価にゆだねることになっています（今回は海外専門家のピアレビューは含まれるようですが、この人達がプラントの事を良く知っているかどうかは不明です）。

このことも評価としての実効が上がるかどうか危惧する点です。せっかくやるのなら日本版ストレステストの実効の上がるやり方、すなわち今回の事故に立脚した方法を考えてほしいものです。

本書としては、もっと（公開資料に基づいて）福島第一での事故状況を踏まえた決定論的手法を前面に出して進めることを強く勧めます。海外のレビューは、あくまで他国のこと、日本は当事者国で事情がよりよくわかっているはずであるからです。

事実を調べるのは、必ずしも事故調査委員会のみに任せっきりにするのではなく、国民の中には誰でも真実に近づきたいと思い、それに基づいた対策を具体化してほしいと考えている方が多くいるはずです。そのためには、これから進められると思われる各種事故調査委員会は、単に結論を押し付けるのではなく、その検討会自身の検討過程を明確にし、一般の人々がなぜ、どうしてと考える質問に真摯に答えてほしいのです。

新たな事故解明の手法開発

さらに、ストレステストからは外れるかもしれませんが、もう二つ重要な点をあげます。

一つは、事故調査にあたって関係者の証言を取るにあたり、航空機事故調査で用いている（と聞いている）当事者の証言に免責を与え、できるだけ事実を提供してもらうよう制度化することが必要なことです。現在の事故調査委員会がどのように進めているか分かりませんが、できるだけ事実を証言できやすい仕組みを組み込む必要があります。真実を明らかにするためには、単に関係者を罰するという発想では不十分です。事実を証言できる仕組みにより、今後の対策に、真実に基づいた対策がきちんと加えられることになるでしょう。

聞くところによると、国会で作る事故調査委員会では、責任者を罰するためにやるというような報道がされています。関係者を罰することが前提であれば、誰も自分に不利な情報を出そうとはしないでしょう。こんなことで事故の本質に迫る調査はできません。

国の監督責任、指導責任の明確化も

もう一つは、同時に国の監督責任、指導責任等も明確にすることです。事故は事業者のプラントで起こり、一義的には事業者の責任でしょうが、国の安全審査、指針の体系、法律の解釈等について無過失だと思っている国民は少ないでしょう。

また、政府は、事故当日11日の夜間、事業者社長の名古屋からの帰京を、既に自衛隊機に乗って名古屋から飛び立ったにもかかわらず引き返させました。このような重大な事象が起きていることを関係各省に徹底できていなかった証拠です。

ここで社長が帰京し、福島第一サイトで起こっていることを正しく理解し、国に十分説明していたら、ことの重大さについて国や事業者の意識や対応が大きく変わっていた可能性が高いのです。翌日の首相によるサイト訪問を思いとどまらせ、事の重大性を国・国民に認識してもらう唯一の機会を逃したと断言してもよいでしょう。

さらに海水注入について、この時点で臨界になりやすいかどうか、といった取るに足らない議論を首相と安全委員長の間でしていますし、この件は全く時間の浪費にもかかわらず国会の議論にもなってしまいました。このような国、規制側の不始末についてその結果責任について、もっと追究があってしかるべきでしょう。こんな重大、緊急な時のことですから。

さらに国側の誰もが責任を追及されていません。事業者のバッシングのみに終始しても建設的な議論はできません。一見わかりやすい、怒りの矛先を事業者へのみ、向けている場合ではないのです。事実に基づかない議論の集約、こんなことで世界に向けて顔向けができるのでしょうか。

日本が海外に向けて発信できる重要な情報は、技術的な問題に加え、国の立場、責任の明確な表現です。

特に、非核保有国で唯一に認められた原子燃料サイクルの重要な権利は、日本という国を信頼して国際的に認められたものです。今回の事故で、その国際的信用を簡単に捨て去って良いものでしょうか。数十年にわたる長い間の国民の努力と技術力の結晶は、一時的な感情で簡単に破棄できるものではないはずです。

このような、国際的視野に立った責任を果たすためには、国の負うべき責任をきちんと国際社会に伝えること、および、事故原因の追及に基づく一層の安全確保対策の提言が何より重要です。この点を回避した各種報告書は、国際的にはほとんど評価されないものとなってしまうでしょう。

2.3 自然大災害に向けた強化対策

自然大災害に向けた強化対策

自然大災害に向けた強化対策には、大きく二つの考え方があると考えます。

1. 自然大災害時にも全く無傷で、原子力発電所には何の影響もないように設計する
2. 自然大災害時には若干の損傷は許容するが、炉心に大きな影響を与えるような事態にはならないよう設計する

という考え方です。

しかし、今回の東日本大震災の様々な経験から言えることは、「全く無傷で、原子力発電所には何の影響もない」ように設計することは不可能に近いことが分かりました。十分自信を持って築きあげた人工防潮堤はいとも簡単に崩れ去り、人間が自然を支配することの無謀性を実感しました。

原子力発電所も工学的設計のたまものです。ここでは、たとえシビアアクシデントに至るような事象であっても何らかの手立てを加えて「若干の燃料損傷は許容するが、炉心に大きな影響を与えることはない」ように設計・運転することを明確にすることが重要です。

またこの考えは、日本を取り巻く近隣諸国や世界の多くの国が、引き続き原子力発電に大きく依存しようとしている現在、世界最先端の技術を持つ日本が、また今回の事故を経験した日本が見て見ないふりをして、頭を抱えて見逃していい問題ではありません。

大切なことは、自然大災害に直面してもプラントは安全に停止し、長期の冷却に入り、放射性物質の放出を最小限にすることのできる具体案を世界に提示することです。

福島事故に対する具体案

この具体的な案は、今まで本編1.2で述べてきたように、次のようになります。

①現状の設計に今回の地震＋海水への熱除去機能喪失をきちんと対策すること、

②この対策は必ずしも全てハードウェアで実現するものばかりではなく、

③必要なアクシデントマネジメントを充実すること、

④そして設計・運転の面ではこれらを達成できるような電源系や注水系、除熱系の設備を一層充実させることです。

これらはきちんとした設計のもとで、比較的短期にかつ充実したものに仕上げることができます。

特に、本書で提案した、深層防護の考え方に基づく大気への放熱、すなわち中期的な格納容器ベントを用いた除熱、注水は、フェーズⅠのアクシデントマネジメントの充実化の代表的対応策になります。

さらに、本編1.3で示した設備設計面の見直し・充実化の具体案も精力的に進める必要があります。これにより、フェーズⅠのアクシデントマネジメントは、自動的に一層の充実を図ることにつながると確信します。

我が国のストレステストの項でも述べたように、今回の事故の教訓を十分生かしつつ、新しい段階のフェーズⅠのアクシデントマネジメントの充実を進め、これを実現することは、国内のみならず、主要原子力利用国、発展途上国における原子力エネルギーのより一層の安全性向上に大きく貢献するものです。

今後の新設プラントを計画する際、または国際協力のもとプラントの輸出を考える際は、次のことが必要です。すなわちできる範囲で前述〝1.〟の「自然大災害時にも何の影響もないように設計する」ことを目指しつつ、発電所の基盤を高めに設定する、短期中期の注水除熱機能を一層高めた設計を指向する等の抜本的な新しい対策も合わせて進めていくことを目標にするということです。

このためには、岩盤直付けの耐震設計の考え方から、様々な工学的対応策を採用した様々な新設計概念など、新しい分野の研究開発も必要となります。

2.4 他のBWR原子力発電所への対応

BWR3、BWR4の原子力発電所

BWR3とBWR4の原子力発電所については、今まで述べてきた福島第一の対策がそのままあてはまります。

特に、BWR3プラントにおけるICの位置付け、運用、HPCIとの使用方法のすみわけ、BWR4プラントでは、RCICの使用方法の位置付け、中期、長期の冷却水の炉心注入の確保

と熱除去システムの増強、電源系の一層の強化、可搬式電源系、水源の確保等です。また、3編3章・本編1章で述べたように、代替ヒートシンクとしての大気放出に関しては、格納容器ベントラインの設計、運用の見直しが重要です。

BWR5、ABWR

BWR5、ABWRでは、もう少し炉心注入や電源系の充実がなされています。さらに、サプレッションプールもトーラス型から一層安定した形状のプール型へ変更になり、D／Wの体積も相対的に増加しています。ただし、高圧の炉心注入はHPCIから高圧炉心スプレイ（HPCS）に変更になっていて、全交流電源喪失時に加え海水へのヒートシンクを喪失した場合の対応は若干気になるところです。特に、RCICの機能の重要性は一層高くなり、非常用D／Gの共通要因による不動作、電源供給不能などには、一層の注意が必要です。多重性・多様性・独立性をきちんと成立させていくことが重要でしょう。

もちろん、海水冷却に加え、空冷式非常用D／Gをもつことは必須でしょう。しかし既に述べた電源車、消防車等の可動式電源の強化、消火系による注水経路の複数化等により注水の信頼度はBWR3、4に比べ格段に向上しています。さらに、バッテリーの強化による、ADSやSRVによる減圧の電源を含めた信頼性の向上により、一層安定した中長期の冷却が可能となっています。このことは、本編1.4に示した評価によっても確認することができます。

用語のひとくちメモ　その12

BWRのタイプの違い（BWR-3，BWR-4，BWR-5，ABWR）

BWR（沸騰水型原子力炉）がアメリカのVallecitosで世界で最初に運転されたのが1957年，50年以上前のことです。その間もBWRは色々と改良がなされ，BWRにもいくつか種類があります。ここではそのうち，原子炉格納容器の違いによる分類を，特に炉心冷却用システムの違いに着目して，まとめます。

格納容器の違いにより，BWRはBWR-1～BWR-6あるいはABWRと大別されます。このうち福島第一原子力発電所の1～6号機までで用いられていたのは，BWR-3からBWR-5でした。

BWR-3はこの中で最も古く，福島第一の1号機が相当します。原子炉の熱出力はおよそ138万kWt，電気出力は46万kWeです。交流電源がなくなった場合に，原子炉で崩壊熱により発生した蒸気を用いて動かす事のできる炉心冷却施設は，ICとHPCIがあります。

BWR-4はBWR-3の次の型の原子炉で，福島第一では2号機から5号機までが相当します。熱出力はおよそ238万kWt，電気出力は78万kWeに向上しています。電源喪失時に用いる事ができる蒸気駆動の炉心冷却用のシステムとしては，RCIC，HPCIがあります。

BWR-5は順番通りBWR-4の次の型で，福島第一では6号機に当たります。熱出力およそ329万kWt，電気出力110万kWeで，出力性能がさらに向上しています。電源喪失時の蒸気駆動炉心冷却用システムはRCICのみとなっています。

また，最新型の炉形としてABWRというものがあります。以前の型では原子炉の外に取り出していた再循環系を原子炉の内部に設置することで，大規模配管破断の可能性を少なくするように改良した物です。熱出力はおよそ392万kWt，電気出力は135万kWeです。電源喪失時に用いる事ができる蒸気駆動の炉心冷却用システムは，BWR-5と同じくRCICのみです。

今回本書で挙げた対策は、ほぼそのまま他のBWRの安全性、信頼性向上に直結するものです。これらを具体的設備の改良に合わせ、フェーズIのアクシデントマネジメントにきちんと盛り込むことにより、全交流電源喪失と熱除去機能喪失の同時発生時にも、判断基準として提案した「炉心燃料の大きな損傷を防ぐことができる」を満足できるのです。

「最新の原子炉の安全性」について一言

最近、近隣諸国の言う、自国の最新の原子炉ではこのようなことは起きないというようなコメントが見受けられます。

しかしよく聞いてみれば、上部に大量の水をプールしておいてそれを重力で注入に使うから2～3日は安全である、福島のようなことは起きないと言っているようです。

本当でしょうか。大量の水をプラント近傍に確保しておくことが悪いとは言いませんが、今回の事故の問題点は、そのような単純な設計でクリアできることではないのです。では、その2～3日が経過したら電源やヒートシンク喪失時にどのような対応をしようとしているのでしょう。水の供給はどうするのでしょう。

最新式ということですから、崩壊熱の大きさは福島の比ではありません。供給した水の蒸発分は、原子炉からどうやって逃がすのでしょう。そのようなことを実施できる運転員の養成はどうなっているのでしょうか？そのようなとき決断を下せる経営層はしっかりした技術的根拠をもっているのでしょうか？

そういった様々な対応が必要なのに、表面のみの対策で十分と考えて良いほどこの事故は甘くないのです。もともと自国の様々なことに表現の自由のない国で原子力発電所を持つことは、望ましくないのです。

今回の事故に鑑み、各国が独自で進めるべきことはたくさんあるはずです。特に設備の設計、建設、運転、保守すべてにわたって最高の技術が必要ですし、問題点の公開、水平展開は世界にとって何より重要です。

このようなことのできない海外諸国に、大きな事故が起きないという保証はありませんし、その後の事故収束にも万全を期するとは限りません。最近の某国の新幹線の事故処理を見れば十分推測できます。

このようなことを防ぐためにも、我が国がしっかり原子力の安全を強固なものにし、世界に向けて様々な重要事項を継続して提示、発信し貢献していく義務があります。

2.5 再起動に向けた提言のまとめ

3編3章以降、各章でいくつかの評価や提言を述べてきました。ここでは、これらを取りまとめ、プラントの再起動に向けて整理しておきます。

3編3章

① 緊急事態の発生確認とそれに対する対応策の早期徹底の意識改革を提言しています。全交流電源喪失、それによる海水への熱除去機能の喪失という共通要因による事象の発生状況では、通常の事故時手順書に加え、アクシデントマネジメントへの移行を徹底することが強く求められます。

② これに加え、各号機にわたる共通要因による事故ですから、各号機の個別事象は他号機でも起こると考えた対応が求められます。

③ 一般論として、現行アクシデントマネジメントに問題があった可能性があります。特に、フェーズⅠのアクシデントマネジメントで炉心、燃料の大量の損傷を防ぐことを徹底するという深層防護の基本を忘れた規制側の全くの無理解、怠慢がありました。

④ さらに、事業者の中で、これ以上技術的に安全を進めることはないと考えていた節はないでしょうか。また、原子力の安全を本当に考える技術者を育てる必要性を軽く考えていたことはないでしょうか

4編1章

3編3章の③で述べたフェーズⅠのアクシデントマネジメントとそれに伴う対応、改善について整理しています。

① フェーズIのアクシデントマネジメントでは、炉心、燃料の大量の損傷を防ぐという観点の考えが明確には表われていません。特に、海水代替のヒートシンクを大気に求めざるを得ないといった一見明らかな意識もほとんどありません。大気をヒートシンクにすることへの抵抗は強いとは思いますが、このような状況で炉心、燃料の大量の損傷を防ぐための唯一つ最良の手法であることは明らかでしょう。また、解析によってもこの重要性は明示されています。今後この点についてのフェーズIのアクシデントマネジメント改良は必須です。

② この事故における設備の見直しの重要な点はいくつかありますが、特に電源系の多重性、多様性に加えて、特に独立性の確保は緊急に考えるべきです。さらに常用系の重要性の再確認とともに、可搬式の電源系、注水系等の機器類の役割の重要さの見直し等、設備設計の改良を確実に実施するとともに、フェーズIのアクシデントマネジメントの改訂に積極的に反映させるべきでしょう。

4編2章

ストレステスト、他のBWR発電所への反映について概略述べてきました。またその際注意すべき点についても触れています。ここでは、これらの観点からプラントの再起動に向けた試みも提言しています。

① 何といってもストレステストでは、今回の福島第一の事故からの教訓をきちんと取り込む

ことに尽きます。そのためには各号機の特徴に合わせ、地震、津波による全交流電源喪失、海水へのヒートシンク喪失について、今回の事故と経験を踏まえた対応を決定論的に検討する方針をとるべきであると提言しました。さらにこのストレステストの評価結果の判断基準はフェーズⅠの改定されたアクシデントマネジメントを用いて、「シビアアクシデントに至らない、再立ち上げ可能な程度の炉心、燃料の損傷にとどめること」を提言しました。もちろん必要な設備追加・改良に加え現行のフェーズⅠのアクシデントマネジメントはプラントに合わせて改定する必要があります。

② ここでは、現場をよく知っている人たちのノウハウの活用も提言しています。①で述べた事故からの教訓をきちんと取り込むことは、ともすれば机上の空論に落ち入りがちな対策案に、魂を吹き込むことになります。

③ さらに重要なことは、本書を作成するきっかけになった「今回の事故の事実関係は本当は何なのだ」と関連する、事故後の事実関係の明確化です。事故調査委員会がいくつか作られていますが、そこでは事実は何かを中心に検討されるのでしょうか。誰が良い、誰のせいだ、では本来の原因究明にはならず、対策もうわべだけのものになってしまいます。当事者の証言に免責を与える等の新しい手法を用い、事実を明らかにすることを最優先する仕組みを作る必要があります。

④ また、事業者のみでなく、国の監督責任、指導責任等も明確にしなければなりません。事

故は事業者のプラントで起こり、一義的には事業者の責任でしょうが、国の安全審査、指針の体系、法律の整備、解釈等について無過失ではあり得ません。また事故の過程でも国の責任の責任放棄と思われることがいくつか起きています。今までのところ誰かが責任を取ったということも聞きませんし、それらの過失や責任をどのように考えているのか、考え方もほとんど明らかにされていません。国は無過失ではないのです。その責任を取らない姿勢が、事故後様々な対策を迅速に対応できない大きな要因ではないでしょうか。

本章では、各章で行った指摘、提案を再度まとめてみました。言葉足らずのところは各章に戻って再読していただければ幸いです。これらの指摘、提案は、国内の原子力発電所の再起動にあたって必要最小限の検討だと考えます。

本書では全交流電源喪失、および海水への熱除去機能の喪失という苛酷な起因事象に対して、その結果を「再立ち上げ可能な程度の炉心、燃料の損傷にとどめること」という判断基準を提示しました。国民の皆さんにこのことの意味、意義をご理解いただいて、これに向けた様々な検討、活動が展開されることを希望しています。

3章　今、原子力研究者・技術者ができること

求められる資質

本書では、平成23年3月11日に発生した東日本大震災による福島第一原子力発電所の事故について何が起きたのか、なぜ起きたのかを中心に考えてみました。既に述べたように、現在でも必ずしも十分な情報が公開し提供されたわけではありません。しかし、原子力発電を科学的に、実務的に進めてきた科学者、技術者しか読み解けない何かがありそうだ、それを明らかにしようということが、本書の目標の一つでした。

しかし起きた事故は、国の安全設計や評価指針の内容をはるかに超えるものでした。もともと「原子力の安全とは」にあまり関心のない皆さんに、何かきちんとした考え方を伝えたいとも考えていました。どうしても、そもそもの「原子力の安全とは」自体が分かりにくいのに、さらにわかりにくい今回の事故についての説明に苦慮しました。

本編2.5節「再起動に向けた提言のまとめ」に整理した各章の様々な指摘・提案は本書の核心部

分です。しかし、今、原子力研究者・技術者に求められているのは、ここで掲げた「提言のまとめ」を危機管理として、事前に、具体的に実践するために必要な資質ではないでしょうか?

従来の概念の柔軟かつ適切な拡大解釈への対応

従来の原子力分野の安全確保には、本書で述べた「深層防護」と「設計基準事象」という考え方が基本で、重要な概念でした。

今回の事故でもこの二つの考えは重要でしたが、従来通常用いているような定義では十分な説明ができません。このことも本書で説明しました。しかしどちらも従来の定義を超えたところに議論は集中しました。

「深層防護」は設計、運転の面でも五層目が必要でしたし、「設計基準事象」についてはそれを大幅に超える場合の事象への発展の議論が必要でした。そしてどちらも共通であったのは「設計基準事象」をこえる、深層防護の第五層とアクシデントマネジメントの計画的準備と実践計画でした。どちらも今回のような緊急時には、従来の考えにとらわれない柔軟かつ適切な考え方が求められていました。

この二つの基本的考え方の重要性は、決して変わるものではありませんが、共通要因による故障や人的過誤の軽視は、これら安全の基本概念を脅かすものであることがはっきりしました。このため共通要因故障や人的過誤等について事前に一層注意を払っておくこと、念のため少し広い範囲まで指針類やマニュアル類に事前に反映させることを継続し続ける努力、等が原子力研究者、技術者に求められる資質でしょう。

基本はいつも同じ

従来の考えにとらわれない柔軟な考え方といっても、その基本は従来の考えに潜んでいるその本来の意味です。すなわち原子炉を何らかの理由で緊急に「止めた」場合、必ず必要になるのは「冷やす」ということです。崩壊熱があるからです。

「閉じ込める」というのはこの「止める」、「冷やす」がきちんと達成できれば自然についてきます。特に「冷やす」ことを停止後きちんと短期間・中長期間にわたって継続できれば問題は起きないのです。

今回の問題は、電源がなく、冷やすために必要な水の注入が難しかったためと、そのために必要な熱を外部に逃がすことが難しかったために起こりました。しかし、もともとこの原理が理解できていれば、たとえ様々な困難に遭遇しようとも、なんとか対処可能であったのではないかと本書では理解し、説明しています。

常日頃から、万一のためどうすべきか、という基本的発想を持っていれば、たとえ目標が達成できなくとも、目標に向かって異常事態を和らげて進む英知を駆使するのだという強い認識を持って事に当たっていると評価できるからです。

マニュアル人間でない人を育成する環境と風土作り

さらに本書で提起したいのは、つぎのことです。

本書で提案した手順はどの手順書にも書いてありません。しかし、福島第一原子力発電所の事故時に炉心の健全性を守るにはこの方法しかないでしょう。

こんなとき読者の皆さんはどう考えるでしょうか？「手順書に書いてないことをしたら後で責任を追及される、それなら書いてあるとおりにしよう」でしょうか、本書の考えるように「手順書には書いてないが、中期的に引き続き水を入れるためには、大気中に熱を逃がすしかない。格納容器ベントと原子炉の減圧を速やかに行うため、注水の準備をすぐ始めよう」でしょうか。

そして後者を選択してうまく状況を収めても、その後起こるであろう最悪の事態を想像できない人たちから「おまえは手順書違反をした、けしからん」、「あんなことは誰もが分かること、大したことではない」という評価に甘んじて耐えるしかないかも知れません。

マニュアル人間でない人の役割は、そのようなときにこそ発揮され、しかし普段は、そして事後は周りの人たちの心ない視線に耐えるしかないのです。このような評価しかできない周りの人たちを、私たちはここ数十年にわたって知らず知らずのうち創りだしてきていないでしょうか？

本当の緊急事態に冷静に立ち向かえる実力を持つ人をもっと評価し、大切にする環境、風土を国内で作り上げる時期が来ているのです。

原子力の専門家としての科学者、技術者に求められる行動

本書では、先に述べたように公表された資料に基づいて、事故の経過と対応事象内容を分析し、そこから得られる教訓をまとめ、どのような対応を取れば、原子力発電所の安全性が一層高まるか検討しています。

東日本大震災が発生してからの福島第一原発の事故対応に関する反省事項を整理し、データが不足する現象や問題について、本書の検討は推定、推測による不正確な部分もありますが、科学技術の進歩に役立てようと検討を進めました。そして福島第一原子力発電所事故の再発を防止できる可能性を持つ具体案を提示しました。

原子力の専門家に求められる資質、役割は、必ずしもすべての情報が明確でない中でも、それらを適切に判断し、自らの考えを他の専門家や国民に提示することだと思います。個別の詳細事項はすでに述べてきました。

本編3章「今、原子力研究者、技術者ができること」では、今後著者らを含めて原子力専門家に求められる行動について、次のように考えています。

冷めた目で単なる批評をするのみでなく、エキセントリックな否定論でもなく、ここ数十年にわたって必ずしも十分な貢献をしてこなかったかもしれない我々原子力専門家が立ち上がって、今後の原子力の安全性についてより実質的な貢献を少しでもできるような努力を継続していくことではないかと考えています。

そのためにも、マニュアル人間ではない専門家を育成するシステムは一層重要になっていると言えます。

付　　　録

付録 A　福島第一原子力発電所の各号機の事故進展と操作・判断

1号機の事故進展と操作・判断

1号機の主要事象操作を時系列（月日，時：分）にて示します。

3月11日（金）

14：46　東日本大震災地震発が発生し，原子炉がスクラム

14：47　全部の制御棒挿入，タービントリップ，外部電源喪失，非常用ディーゼル発電機（非常用DG）起動，主蒸気隔離弁（MSIV）閉で原子炉は隔離された。

14：52　非常用復水器（Isolation Condenser：以後ICと略）自動起動。このとき1号機と2号機中央制御室では原子炉水位は通常運転時の水位であることからHPCI（高圧注入系）は原子炉水位が低下してきた際に起動することにし，ICによる原子炉の圧力制御を行うこととした。圧力制御はA系統とB系統の2通りあるICの内片方のA系統のみで十分と判断。

15：03　手順書に従い原子炉温度低下率55℃/hを守るためにIC手動停止。

15：17　15：24，15：32　圧力制御のためICを3度起動，停止を繰り返す。

15：27　津波第一波。

15：35　津波第二波到達。

15：37　全交流電源喪失。直流電源で操作可能なICとHPCIの状況：ICは弁開閉表示確認できない状態，HPCIは制御盤表示灯が点灯してだんだん薄くなり消灯したため起動不能と判断されその後作動された記録は報告さていない。

17：12　福島第一（1Fと称す）発電所長　アクシデントマネジメ

ント（AM）として消火ライン，消防車を使用した原子炉への注水方法検討開始を指示。
更に，これに先立ちAMの代替注入手段として，D/G駆動消火ポンプを利用した消火系，補給水系，格納容器冷却系，防火水槽を用いた消防車の使用等を検討（ここではD/G駆動消火ポンプを利用し消火系経由でCore Spray（CS）ラインから注入することを第一候補とした模様，0.69 MPaで注水可能状態）。又，格納容器ベントに向けた検討も同時に行われ，特に電源の無い状況でのベント操作手順を中心に検討。

17：30　ディーゼル駆動消防ポンプ起動（待機状態）
18：18　IC戻り配管隔離弁（MO-3 A）と供給配管隔離弁（MO-2 A）開操作（これによりICが作動）
18：25　ICの戻り配管隔離弁（MO-3 A）閉操作（これによりICは停止）
20：49　中央制御室点灯
21：19　原子炉水位復旧と判断
21：30　ICの戻り配管隔離弁（MO-3 A）開操作（IC起動）
23：00　タービン建屋の放射線量が上昇　1F北側　1.2 mSv/h，南側　0.5 mSv/h

3月12日（土）

0：06　1F発電所長はドライウェル（D/W）圧力が高いので格納容器ベントを実施する可能性があることから，検討開始を指示
2：29　原子炉圧力が0.8 MPa（約8気圧）である事判明
5：14　発電所構内の放射線量上昇
5：46　原子炉内に消火系ラインから消防車による淡水注入開始
9：15頃　格納容器圧力抑制室（S/C）ベントライン電動弁（MO弁）手動開（25%）
10：17　格納容器（PCV）圧力抑制室（S/C）ベント弁開操作（計装用圧縮空気残圧を期待）

14：30　ベントによる PCV 圧力低下を確認。
14：53　消防車により炉心への注水累計 80 t（トン）注水完了
15：36　電源車を用いての原子炉へホウ酸水注入系からの注入準備完了
15：36 頃　原子炉建屋で水素爆発，原子炉への注入準備中のホース損傷
19：04　原子炉内に消火系ラインから消防車による海水（ホウ酸無し）注入開始
(ホウ酸は核反応を減少させる作用をする)
20：45　海水にホウ酸水を混ぜて原子炉内へ注入開始

3 月 20，21，22 日
原子炉への注水量を 40 t/日と大幅に減少。この前後は各々 450，301 t/日。
水流量計の変更がされたが，この間給水ノズル温度，RPV 下部温度，RPV 圧力が大幅に増加。3 月 23 日以降は注水量を増加させた結果，前記温度，圧力は減少。

3 月 23 日
1：40　計測用主母線盤受電
2：33　消防ポンプからの消火系よりの海水注入に加えて，給水系を用い海水注入開始
3 月 24 日
11：30 頃　中操照明復旧
17：10　タービン建屋地下水からホットウェルへの滞留水の移送開始
3 月 25 日
15：37　消防ポンプによる原子炉への注水を海水に切り替え
3 月 29 日
8：32　原子炉注水について消防ポンプから仮設電動ポンプによる注入に切り替え。

2号機の事故進展と操作・判断

2号機の主要事象操作を時系列（月日，時：分）に示します。

3月11日（金）

14：46　東北地方太平洋沖地震発生

14：47　原子炉自動スクラム，制御棒全挿入，主タービン自動停止，外部電源喪失，非常用ディーゼル発電機（非常用D/G）自動起動，主蒸気隔離弁（MSIV閉）

14：50　原子炉隔離時冷却系（以下RCIC）手動起動，

14：51　RCIC停止（原子炉水位高でレベル8と称す：L8）

15：02　RCIC手動起動

15：28　RCIC停止（原子炉水位高，L8）

15：35　津波第二波到達

15：39　RCIC手動起動

15：41　全交流電源喪失。

17：12　福島第一発電所の所長は，アクシデントマネジメント（AM）対策として設置した消火系ライン及び消防車による原子炉への注水方法の検討開始を指示

21：02　原子炉水位が燃料上部（TAF）に到達する可能性を官庁等に通報

22：00　原子炉水位判明　TAF＋3400 mm　官庁等に報告

3月12日（土）

2：55　RCICが作動していることを確認

15：30頃　使用可能な2号機パワーセンター一次側へのケーブル繋ぎこみ，並びに高圧電源車の接続完了

17：30　福島第一発電所の所長がベント操作の準備を開始するよう指示

3月13日（日）

10：15　ベントを実施するよう指示

12：05　福島第一発電所の所長が海水を使用する準備を進めるよう指示，RCIC の停止に備え海水注入に切り替えができるよう，3 号機逆洗ピットを水源とするラインアップも準備

3 月 14 日（月）

2：20　正門付近で 500 μSv/h を超える線量（751 μSv/h）を計測

11：01　3 号機原子炉建屋の爆発により，圧力抑制室（以下 S/C）ベント弁（AO 弁）大弁が閉となる。開不能を確認。準備が完了していた注水ラインは，消防車及びホースの破損により使用不可能

13：25　原子炉水位低下から RCIC 機能の喪失と判断

16：30 頃　消防車を起動し，原子炉減圧時に注水が開始できるように準備。

16：34　原子炉圧力 6.998 MPa（約 70 気圧でほぼ通常運転時の圧力に近い）

17：17　原子炉水位が燃料上部（TAF と称す）に到達

18：00 頃　原子炉圧力低下確認。（原子炉圧力 5.4 MPa。この後 19：03 に 0.63 MPa へと低下）

19：54　原子炉内に消火系ラインから消防車による海水注入開始。

21：00 頃　S/C ベント弁（AO 弁）小弁開操作。ラプチャーディスクを除く，ベントライン構成完了

21：03　原子炉圧力低下 141.8 kPa（約 1.4 気圧）

21：20　逃し安全弁（SRV）を 2 弁開とし，原子炉水位が回復してきた事を確認

22：50　D/W 圧力が最高使用圧力 427 kPa g を超えた（540 kPa g）。（kPa g とは大気圧との差）

3 月 15 日（火）

0：02　D/W ベント弁（AO 弁）小弁開操作。ラプチャーディスクを除く，ベントライン構成完了

6：00〜6：10 頃　圧力抑制室付近で大きな衝撃音が発生

3 月 20 日

15：46　480 V 非常用低圧電源受電

3 月 26 日

16：46　中央操作室照明復旧

3 月 27 日

18：31　原子炉注水について消防ポンプから仮設電動ポンプによる淡水注入に切り替え

3 号機の事故進展と操作・判断

3 号機の主要事象操作を時系列（月日，時：分）に示します。

3 月 11 日（金）

14：46　東北地方太平洋沖地震発生。

14：47　原子炉自動スクラム，全制御棒挿入，タービントリップ，外部電源喪失。

14：48 頃　非常用ディーゼル発電機（非常用 D/G）自動起動，主蒸気隔離弁閉

14：54　原子炉未臨界確認

15：05　原子炉隔離時冷却系（RCIC）手動起動

15：25　RCIC トリップ（原子炉水位高：L-8）

15：27　津波第一波到達，　15：35：津波第二波到達

15：38　全交流電源喪失

16：03　RCIC 手動起動

3 月 12 日（土）

11：36　RCIC 停止（原子炉への注水停止）

12：35　高圧注水系（HPCI）自動起動（原子炉水位低）（原子炉への注水開始）

17：30　福島第一発電所の所長は格納容器ベント（以下ベント）の準備開始を指示

3 月 13 日（日）

2：42　HPCI 停止

5：15　福島第一発電所の所長がラプチャーディスクを除く，ベントラインのラインナップの完成に入るよう指示

8：41　S/C ベント弁（AO 弁）大弁開により，ラプチャーディスクを除くベントライン構成完了。

9：08 頃　逃し安全弁による原子炉圧力の急速減圧を実施。

9：25　原子炉内に消火系ラインから消防車による淡水注入開始（ほう酸入り）

9：36　ベント操作により 9 時 20 分頃より D/W 圧力が低下している事を確認。

12：20　淡水注入終了

12：30　S/C ベント弁（AO 弁）大弁開

13：12　原子炉内に消火系ラインから消防車による海水注入開始

3 月 14 日（月）

3：20　消防車による海水注入再開

5：20　S/C ベント弁（AO 弁）小弁開操作開始

11：00 頃　原子炉建屋で爆発発生。消防車やホースが損傷し，海水注入停止

16：30 頃　原子炉へ注入する新しいラインを構築し，海水注入を再開

3 月 15 日（火）

7：55　原子炉建屋上部に蒸気が浮いている事を確認

16：05　S/C の AO 弁開操作

3 月 21，22，23，24 日

原子炉への注水量を 21～23 日は 24 t/日，24 日は 69 t/日と大幅に減少させています。この前後は各々393，359 t/日。注水流量計の変更がされていますが，この間給水ノズル温度，RPV 下部温度，RPV 圧力が高くなっていると報告されている。3 月 25 日以降は注水量を増加させた結果，

前記温度，圧力は減少した。（一部に，この間に注水量の減少は無いといわれているが，その場合，温度，圧量などが高くなっている理由がわからない）

3 月 22 日

10：36　非常用低圧配電盤受電

22：28　計測用主母線盤受電

22：46　中央操作室照明復旧

3 月 25 日

18：02　原子炉への注水を海水から淡水に切り替え

3 月 28 日

20：30　原子炉への注水を消防ポンプから仮設電動ポンプによる注水に切り替え

付録B　福島第一原子力発電所の周辺の他の原子力発電所の状態

女川原子力発電所

女川原子力発電所は、後発の原子力発電所でした。そのため、貞観地震、明治と昭和の三陸沖地震やチリ地震による津波を考慮して、原子力発電所を海抜10m以上の所に設置し、15mを超える津波対策をしていていました。そして高圧線鉄塔が健全であり、一系統の外部電源が生きていましたので、大きな被害を受けませんでした。

東海第二発電所

東海第二発電所は、スマトラ島の大津波の被害や新潟沖地震を経験し、津波高さの基準を土木学会の基準から茨城県の基準に変更して独自の検討を進めていました。

その結果、非常用ディーゼル電源を高台に追加するとともに、ポンプを含む海水取入設備の防潮対策を準備しました。また、幸運なことに、数日前に一系統の止水工事が完了していました。

このため、非常用炉心冷却システムは一系統が維持でき、運転員の多大なる努力により、綱渡り状態だったと聞きましたが、2日以上掛かって冷温停止が実現でき、大きな事故には至りませんでした。

非常に幸運であり、万一、東海第二発電所も福島第一原子力発電所と同様な事故に遭遇していたら、事故の修復への消防隊や自衛隊等の援助が分散してしまい、想像がつかないほどの被害に拡大していたと考えます。

福島第二原子力発電所

福島第二原子力発電所は、津波の規模が第一原子力発電所よりも小さかったことと、後発の原子力発電所であったため、海水冷却設備がコンクリート製の覆いに囲われていたことが有利に働きました。

1から4号機は、すべて炉停止でき、外部交流電源を受電しておりましたので、原子炉の水位は安定していました。

しかし、圧力抑制室の温度が100℃を超えたため、原子炉の圧力抑制機能が喪失しました。このため、原子力災害対策特別措置法第15条第一項の特定事象が発生したと判断されました。そこで安全性の確保のため、原子炉格納容器内の圧力を降下させる措置の準備を行いましたが、原子炉冷却機能の復旧作業を同時に実施した結果、圧力抑制室の温度が100℃を下回り、冷温停止することができ、放射性物質を放出する事故には至りませんでした。

福島第一原子力発電所

福島第一原子力発電所は、わが国で初期の沸騰水型炉の原子力発電所であり、津波の発生の恐れのない米国の基本設計技術でしたので、津波対策が不十分であったことは歪めません。一方、新潟沖地震による柏崎・刈羽原子力発電所の被害報告を受け、福島第一でも消火系ラインの強化や免震重要棟の建設等の補強を行いました。その結果として今回の事故でも最低限の対応ができました。

もしこれらの対策がなされてなければ、今回の事故に対して今日のように原子炉を安定化させることは不可能ではなかったかと考えます。

しかし、他の原子力発電所に比べて津波対策などの対策が不十分でありましたことは否定できません。結果としまして、炉心溶融事故の発生を防ぐことはできませんでした。

参考文献

本書では公開資料を元に検討評価を行ないました。参考にした主要な公開文献を下記に示します。

・福島第一原子力発電所　被災直後の対応状況について…東京電力発表資料
・東北地方太平洋沖地震発生当時の福島第一原子力発電所運転記録及び事故記録の分析と影響評価について」…原子力安全・保安院発表資料
・原子力安全に関するＩＡＥＡ閣僚会議に対する日本国政府の報告書
―東京電力福島原子力発電所の事故について―…原子力安全・保安院発表資料
・東日本大震災における原子力発電所の影響と現在の状況について…東京電力発表資料
・東京都及び神奈川県の航空機モニタリングの測定結果…文部科学省資料
・原子力安全委員会指針集（改訂13版）…大成出版社
・佐藤一男、原子力安全の論理、日刊工業新聞社
・榎本聡明、わかりやすい原子力発電の基礎知識、オーム社
・ＲＥＴＲＡＮ-３Ｄ…A Program for Transient Thermal-Hydraulic Analysis of Complex Fluid Flow System（vol. 1-vol. 4）, EPRI NP-7450（A）, July 2007.
・ＴＥＰＳＹＳホームページ…http://www.tepsys.co.jp/
・資源エネルギー庁、原子力2011（ないしは以前の版）

執筆後記

本書は「今、原子力科学者、技術者のできること」という統一テーマで平成23年3月11日以来検討、議論した事柄をまとめたものです。事故情報、プラント情報が必ずしも十分提示されているわけではないことから、純粋の科学者のみでは知ることのできない原子力発電所の技術者の眼が必要でした。東京工業大学「プラント検討チーム」の有志にはたまたまこの両者を含んでいました。このため初期の段階から設計者、事業者、政府、規制側のいくつかの視点を模擬的に検討に加えました。ここには推定、推測がかなり入りますが、そのため杓子定規な解釈にならずに済んだと理解しています。

単に事故経過を追うのではなく、そこに至る安全や運用の考え方と組み合わせて経過、操作を理解してみました。「プラント検討チーム」では設計にとらわれ、こんなことはできるはずがないという既成概念を取り外して議論を重ねました。大きな成果は、当然ではありますが「海水以外のヒートシンクを探すこと、それは数時間プラントが持ちこたえてくれれば、大気をヒートシンクとして用いることができる」ということでした。概略計算で可能性をチェックした後、解析コードでも確認をしました。「大気をヒートシンクとして用いる」ことはわが国のアクシデントマネジメントには明示されていませんでした。

一方、設備の面からみると、多重性、多様性にはある程度の配慮がありましたが、独立性の観点からは十分ではありませんでした。これは非常用ディーゼル発電機の電源盤の設計に端的に表れています。そしてこれらのままでは、行ってきた配慮が何らかの形で突破されたときの対応策は、設計、運用、規制等の各分野で十分なものとはいえませんでした。

本書では、これらのことを手順書、マニュアルに反映することは当然として、「万一手順書類に書いてないことが発生した時、それに対し事象を収束させることのできるマニュアル人間でない運転員やその責任者の育成や彼らへの評価を高める努力をすべき時期に来ている」と結びました。戦後の高度成長期以降積極的に実施してきた様々な手順のマニュアル化や定型化が、ここ10年以降破綻をきたしだしていると思えてなりません。今回の事故を教訓として、マニュアル化社会のぜい弱さを、国民がそろって立ち上がりそろそろ拭い去る時期が来ているといっていいのではないでしょうか。

用語解説

用語の後のカッコ内の数字はページです。太い文字は，本文中での説明箇所です。通常の文字は，最初に現れたページや特に多く用いられているページを指しています。

ア　行

アクシデントマネジメント（88，**90**）　何らかの要因で設計基準事象を超えてしまうような場合，広い意味の深層防護では，第五層に，想像できない事象に発展しても何とかして事態を収束させようという考え方があります。それは現在あるシステムをフル活動し，場合によってはそのシステムの持つ設計上の余裕をも利用し，さらに若干の機能追加をすること，運転員の持つ様々な知識・知見に基づいて収束を達成する本当の非常時に用いる運転管理手法です。

アクシデントマネジメントには，「炉心の重大な損傷に至る事象」前に収束させるフェーズＩと，シビアアクシデントのように炉心の重大な損傷に至った後，格納容器の健全性を守るためのフェーズIIがあります。

圧力抑制室（S/C）（**17**）　圧力抑制（サプレッション）プールを保有する，格納容器の一部です。福島第一原子力発電所の1～5号機においては，格納容器下部のドーナツ状（トーラスといいます）をした部分です。

ウェットウェル（106）　原子炉格納容器において，水を内包し原子炉の蒸気を導く部分です。

ウェットウェルベント（106）　圧力抑制室（ウェットウェルとも呼びます）からベントすることです。ベントされる気体は圧力抑制室プール水を経由することで，プール水に放射性物質が溶け込むため，D/Wからベントを行うよりも放射性物質の放出量を少なくすることができます。

カ　行

格納容器スプレイ（67）　原子炉格納容器にスプレイを散水することにより，圧力や温度が設計圧力や設計温度を超えないようにする系統です。また，格納容器内の放射性よう素を除去する働きもあります。

確率論（確率論的安全評価）（91）　事象（事故）が進展する過程について確率を用いて評価する手法です。例としては，用語のひとくちメモその5にあるように，イベントツリーとフォールトツリーを用いて，ある事故についてその発生過程とその発生確率を解析評価します。

ガンマ線（—）　　波長の短い（エネルギーが高い）電磁波であり，放射性カリウムやよう素やセシウム，ラジウム等の原子核から放出されます。放射線の中では一番物質を通過しやすい特徴をもっています。また，ガンマ線よりも1000分の1程度の波長の核外からの電磁波をX線と呼びます。

決定論的手法（187）　事故が起きる過程を次にどのような事象で起こりやすいかを経験的かつ理論的に決定し，その過程に沿って解析評価をおこなう手法です。例えば，原子力発電所の安全評価を行うとき，ある事故の起因事象から引き続いて起こると考えられる事象の過程を選定し，その挙動を想定しながら評価を進める手法です。過去の様々な事故過程を反映させて評価を進めることができます。

原子炉圧力容器（RPV）（8，**60**）　炉心を収める鋼製容器で内部の圧力を保持し，原子燃料や核分裂生成物等の放射性物質を閉じ込める機能を持ちます。事故時に発生した放射性物質を閉じ込める重要な役割を持っています。一次系配管と相まって放射性物質を「閉じ込める」という役割を果たす，多重バリアの第三の壁です。（図2-6参照）

原子炉格納容器（PCV）（**62**）　原子炉圧力容器や主要な原子炉冷却設備およびその関連設備を収納する容器です。圧力バウンダリー等が破損した場合，逃し安全弁が作動した場合等に，放射性物質を閉じ込める壁となります。放射性物質を「閉じ込める」という役割を果たす，多重バリアの第四の壁です。

原子炉隔離時冷却系（RCIC）（3，**121**—用語のひとくちメモ　その9）原子炉を隔離した際に，崩壊熱によって発生した蒸気を用いてタービンを回すことにより，ポンプを起動させサプレッションプール，復水貯蔵タンクの水を炉心に注水します。

原子炉水位（11，25，31）　原子炉圧力容器内に水がどの位置にあるかを示す指標です。水位にはそれぞれ段階があります。
例（水位の高い順）

・**L−8**　最大水位です。これ以上水位が上がると，タービン側に水が流入してしまうなど，通常の運転に大きな支障が出ます。
・**定格水位**　原子炉の通常運転中の水位です。
・**L−3**　一般のトラブル事象で，この位置まで水位が減少するとスクラムします。
・**L−2**　中小配管破断時に，この水位まで減少すると高圧のECCS（HPCI等）が起動します。
・**L−1**　大口径配管の破断時に，この水位まで減少すると低圧系ECCSが起動します。

原子炉建屋（4，**62**）　原子炉に内蔵している原子燃料や放射性物質を閉じ込める最終の砦であり，原子炉格納容器，使用済燃料プールや安全設備等が収納されています。放射性物質を「閉じ込める」という役割を果たす，多重バリアの第五の壁です。

原子炉保護系（103）　原子炉の様々な異常を検出し，制御棒を緊急に挿入する信号を発信します。

コアスプレイ（Core Spray）（219）　大口径配管破断事故時に，シュラウド内の炉心に向けて冷却水を注水するものです。

高圧系ECCS　中小配管の破断等の冷却材喪失事故時に，原子炉圧力容器が高圧であるときに注水できる非常用炉心冷却系です。中小配管の破断であるため，注水量は大量である必要はありません。しかし今回の福島第一の事故のように，原子炉が停止している場合には十分すぎる流量が得られます。初期の水源は復水貯蔵タンクですが，貯水槽の水量が少なくなると圧力抑制プールの水に切り替わります。

高圧注水系（HPCI）（4，**125**—用語のひとくちメモ　その10）　中小配管が破断し，原子炉圧力が低下しない場合でも炉内に注水する非常系です。原子炉で発生する蒸気でタービンを駆動し，これによりポンプを作動させ，原子炉内に外部から冷却水を供給する機能を持っています。このため，ポンプを作動させるときに，交流電源を必要としないという特徴があります。

サ　行

サプレッションプール（177，118—用語のひとくちメモ　その8）　圧力抑制プール。逃し安全弁やHPCI等により原子炉圧力容器内の蒸気がサプレッションプールへ吹き込み，このプールの水によって凝縮されます。この水は，非常用冷却系の水源でもあり，冷却材として用いられます。

残留熱除去系（7）　原子炉停止後に炉心で発生する崩壊熱などの残留熱を除去する役割と，事故時緊急に低圧の炉心を冷却する役割の両方の機能を合わせもつように，設計された系統です。

ジェットポンプ（64）（図2-6）　原子炉圧力容器内の冷却材の流れを適切に形成するためのポンプです。ノズル部よりシュラウド外側の冷却水を下方に吹き込むことで，炉心を強制循環させるためのポンプです。

自動減圧系（ADS）（103）　原子炉圧力容器内が高圧になると作動する設備で，発生した蒸気を圧力抑制プールへ逃がすことにより，原子炉圧力を低下させることが可能となります。

シビアアクシデント（**90，91**）　設計基準事象を大幅に超える事象であり，安全設計の評価上想定された手段では，適切な炉心の冷却または反応度の制御ができない状態であり，その結果，炉心の重大な損傷に至る事象です（図3-4参照）。

主蒸気隔離弁（**MSIV**）（11）　タービンのトリップや，主蒸気管の破断等が発生したときに，原子炉を隔離するために主蒸気管の格納容器の内側と外側に設置された弁です。

シュラウド（16）　原子炉圧力容器内にあり，円筒形で燃料部を囲むように設置されています。冷却材の流れの境界をする役割があり，シュラウドの外側は下降流，シュラウド内部は上昇流を形成しています。

消火系（13）　一般のビル等の建造物と同様に，火災に備えて消火栓を含む配管の系統を言います。消火ポンプ（移動式ポンプを含む）を備えており，特に可動式ポンプは福島の事故で重要な役割を果たしました。今後一層の強化が注目されます。

常用系（**59**）　原子炉で発生した熱を受け取って，冷却材は蒸気となってタービンを回転させ，発電します。発電した後，蒸気は復水器によって水に戻され，給水として原子炉に戻されます。一般にこのように通常の発電に用いる系統，機器類及びそれを補助する系統を総称して「常用系」といいます。

深層防護（多重防護）（78）　図 3-2 に示すように，原子力発電所では深層防護という安全防護の基本的考え方を用いています。誤操作の発生防止の工夫や，誤操作をしても安全側に作動するような余裕のある安全設計により異常事象の発生を防止します。そして仮に，故障や運転ミスが発生した場合でも，異常を早期に検出する装置や，原子炉を自動的に停止させる装置が働くほか，一つの重要な装置が停止した場合にもこれを補完する他の装置が働くことにより事故への進展を防ぎます。

万一，異常事象が進展して事故となった場合でも，原子炉内の水の減少に対しては緊急に炉心を冷却することができる非常用炉心冷却装置を，放射性物質の系外への放出を防止するために原子炉格納容器や原子炉建屋を備えています。異常事象の発生防止，事故への進展の防止，事故となった場合でも放射性物質の系外への放出を防止，の 3 層（段階）の防護を設計上の深層防護（多重防護）といいます。

深層防護の重要な考え方は，各層ではできるだけの対策をとること，その対策にあたっては前段（前の層の考え方）の対策が働かないとした上で（前段否定）行う，という思想が入っていることです。

広い意味の深層防護　本書では，福島第一の事故を取り扱っていますので，広い意味の（拡大した）深層防護という考え方を用いています。設計基準事象を超えた事故となって大量の放射性物質の系外への放出を防止できない可能性がある場合でも，なんとかその状況を収束させる（炉心燃料の大量破損を防ぐ），大量の放射性物質の系外への放出を防止する工夫がこの考えに含まれています。上記 3 層（段階）の防護の次の段階の防護です。

スクラム（7，**61**—用語のひとくちメモ　その 1）　原子炉を緊急に止める必要があるような場合，制御棒を数秒程度で炉内に全て挿入することにより，核分裂反応を止めることをいいます。

設計基準事象（異常な過渡変化，事故）（48，**86**）　原子炉の安全設計の基本方針の妥当性を確認するため，想定すべき事象，判断基準，解析に際して考慮すべき事項等が指針で示されています。

原子炉の運転中において，原子炉施設の寿命期間中に予想される機器の故障，誤動作または運転員の誤操作およびこれらと類似の頻度で発生することが予想される外乱によって生ずる異常な状態に至る事象が対象とされ，これを「**運転時の異常な過渡変化**」といいます。

この過渡変化を超える異常な状態が発生する頻度はまれですが，発生した場合は原子炉施設から放射性物質の放出の可能性があります。これを「**事故**」と呼びます。この「運転時の異常な過渡変化」と「事故」をあわせて設計基準事象といいます。

タ　行

ダクトベント（103）　本書の場合は，非常用ガス処理系（SGTS）を用いて，放射性物質をフィルターにより取り除いた後に，ベントすることです。この場合，ファンの起動が必要となります。

多重バリア（**多重防壁**）（—）　核燃料や燃焼の結果生じる核分裂生成物等の放射性物質は外部に放出されないよう，図 3-1 に示すようにペレット，被覆管，原子炉圧力容器を含む炉心冷却水の循環系（原子炉圧力バウンダリー），原子炉格納容器，原子炉建屋といった多重の（本書では 5 重の）バリアをいいます。

中性子（**熱中性子，高速中性子**）（52，**54**，**58**）　プラスやマイナスといった電荷を持たない粒子であり，ウランの核分裂等で放出されます。また，スピードの遅い中性子がウランやプルトニウムに当たると核分裂を起こすことがあり，これによりエネルギーを得ることができます。

なお，早い中性子（光の速さの 10 分の 1 程度）を高速中性子，周りの温度状態と平衡状態にある中性子（一般に 2200 m/s 程度）を熱中性子と呼びます。

低圧系 ECCS　大口径の冷却材喪失事故時に，圧力抑制プールの水を水源として，炉心に注水をして冷却する系統です。大口径の破断時には大量の冷却材が流出し，炉心の圧力は即座に低下しますので，炉心への注水は一般に大量になります

D/W（17）　ドライウェル。原子炉格納容器内において，気体で満たされている部分です。

ドライウェルベント（—）　格納容器のドライウェルよりベントを行う

ことです。一般には，ウェットウェルベントが先に行われますが，ドライウェル圧力が高くなったときに実施されます。

トランジェント（86） 設計基準事象である「異常な過渡変化」を示す用語です。

ナ　行

燃料被覆管（**5**，**57**） ペレットを内蔵しており，中性子を吸収しにくいジルコニウムの合金（ジルカロイ）でできている円筒状の鞘です。放射性物質を「閉じ込める」という役割を果たす，多重バリアの第二の壁です。

逃し安全弁（**SRV**）（12，**118**—用語のひとくちメモ　その8） 主蒸気配管に設置されており，原子炉圧力容器の圧力が高圧になると開放して蒸気を圧力抑制室に放出する弁です。外部信号により開放する逃し弁機能と，スプリングが圧力に耐えられなくなり開放する安全弁機能を有しています。

ハ　行

破損モード（107） 対象のものが破損する機構のことです。

反応度（68） 中性子の化をもたらす度合いのことを指します。例えば，反応度を制御するとは，目標の出力を得るために，制御棒の出し入れ等で核分裂状態をコントロールすることです。

ピアレビュー（186） 同分野の専門家によって調査結果を評価することです。一般に，この報告書は高い専門性を持つと評価されます。

非常用ガス処理系（**SGTS**）（103，104） 格納容器ベントや原子炉建屋内の排気に際して，放射性物質の大気放出を抑制するために排気用配管に設けられた非常用ファンを持った系統です。フィルターやチャコールフィルター（放射性よう素を除去するためのフィルター），湿分除去装置等により構成されています。

非常用復水器（**IC**）（3，**114**—用語のひとくちメモ　その7） タービン，発電機，外部電源系の不具合等により原子炉が隔離されたとき，原子炉内の蒸気を非常用復水器の管側に導き凝縮させ，胴側の水を蒸気にすることにより熱除去，注水を行う設備。福島第一原子力発電所においては1号機のみに設置されています。

非常用炉心冷却系（**ECCS**）（9，**75**） 炉心につながる一次系配管の破断時に，原子炉に冷却材を送る系統を総称して，非常用炉心冷却系といいます（「非常系」と略します）。非常系は通常の交流電源とは別に非常用の電源を持っているのが普通です（これには一般にディーゼル発電機を用いています）。

非常用D/G（3） 非常用ディーゼル発電機。外部電源喪失時に，原子炉を安全に停止させるための交流電源の電源設備です。

フィルター付ベント（104，106） ベントのための排気塔と格納容器を結ぶ配管の間に，フィルターを設けることで，なるべく放射性物質を外に出さないようにするベント方法です。ただし，フィルターを通過させるためファン等なんらかの駆動力が必要となります。

ペレット（**57**） 二酸化ウランを焼き固めた円柱型の原子燃料です。放射性物質を「閉じ込める」という役割を果たす，多重バリアの第一の壁です。

崩壊熱（**22**） 原子炉を停止（臨界を停止）しても，核分裂によって生じた物質（核分裂生成物といいます）が崩壊を続け，多量の放射線が発生します。このため，エネルギーが発生し，発熱します。この熱を崩壊熱といいます。

ホウ酸水注水系（**SLC**）（103） 中性子吸収材であるホウ酸を液体の形で保持し，制御棒駆動系が十分な機能を発揮できないとき緊急時に運転員が手動で炉心内に注水します。

ラ　行

ラスムッセン報告（91） 1975年に公表された原子力発電所の安全評価に関する報告書です。その内容は，原子炉のリスクを確率論的に評価するものです。

原子炉が損傷するリスクはあるものの，そのような事故が起こる確率はきわめて低いものであるという評価でした。またこの評価では人的過誤・共通要因保障によりその確率が高くなると評価され注目されました。この確率を用いた安全評価は，現在の原子炉安全評価に大きな影響を与えました。

ラプチャーディスク（26，104） 配管内に流路を防ぐように設置された板状のしまりであり，ある一定の圧力以上の負荷が加わると破壊され，通り道が出来るようになっています。一般に誤動作による流出を防ぐために設置されています。

臨界（**臨界未満，臨界超過**）（**65**—用語のひとくちメモ　その2） 核分裂の前後で中性子の数が変わらない状態のことを言います。これにより，核燃料から常にエネルギーを取り出せる状態となります。また，だんだん中性子の数が減ってゆく状態を臨界未満，逆に増えてゆく状態を臨界超過といいます。

冷却材圧力バウンダリー（60） 原子炉圧力容器や1次系配管等で構成される施設です。通常運転時は，冷却材を内包し，異常事態においては圧力上昇の際に障壁となる役割を果たします。なお，一次系配管が破断されると原子炉冷却材喪失事故となります。

冷却材喪失事故（**LOCA**）（9） 圧力容器と冷却材圧力バウンダリーを構成する配管や緊急炉心冷却装置の配管等の1次系配管が破損し，冷却材が系外に流出する事故です。

執筆者　略歴

有冨正憲（ありとみ　まさのり）

工学博士，昭和 22 年生，東京工業大学機械工学科卒，同大学院原子核工学専攻博士課程修了，同大学原子炉工学研究所助手，助教授を経て，平成 9 年より同大学教授，平成 19 年より同大学原子炉工学研究所所長

木倉宏成（きくら　ひろしげ）

博士（工学），昭和 39 年生，慶應義塾大学機械工学科卒，同大学院機械工学専攻博士課程修了，ドイツ・エアランゲンーニュールンベルク大学流体工学研究所訪問研究員，スイス国立パウル・シェラー研究所研究員，東京工業大学原子炉工学研究所助手を経て，平成 21 年より同大学准教授

北山一美（きたやま　かずみ）

博士（工学），昭和 22 年生，東京工業大学応用物理学科卒，同大学大学院原子核工学専攻修士課程修了，東京電力，原子力発電環境整備機構を経て，平成 22 年より東京工業大学ソリューション研究機構特任教授

石塚隆雄（いしづか　たかお）

博士（工学），昭和 19 年生，東京工業大学機械工学科卒，同大学大学院機械工学専攻修士課程修了，東芝，帝京大学教授を経て，平成 16 年より東京工業大学原子炉工学研究所研究員

都築宣嘉（つづき　のぶよし）

博士（工学），昭和 49 年生，京都大学工業化学科卒，東京工業大学原子炉工学研究所研究員等を経て，平成 23 年より同大学ソリューション研究機構特任助教

藪下幸久（やぶした　ゆきひさ）

工学博士，昭和 23 年生，早稲田大学理工学部数学科卒，センチュリリサーチセンタ（現伊藤忠テクノソリューションズ）を経て，平成 11 年よりシー・エス・エー・ジャパン代表取締役

2012年3月16日　　初 版 発 行

今、原子力研究者・技術者ができること

編著者　有 冨 正 憲
発行者　山 本　 格

発 行 所　株式会社　培　風　館
東京都千代田区九段南4-3-12・郵便番号102-8260
電 話(03)3262-5256(代表)・振 替 00140-7-44725

中央印刷・三水舎製本

PRINTED IN JAPAN

ISBN 978-4-563-01931-0 C3040